AF391471

SOCIÉTÉ

DE

L'ALIMENTATION RATIONNELLE

DU BÉTAIL

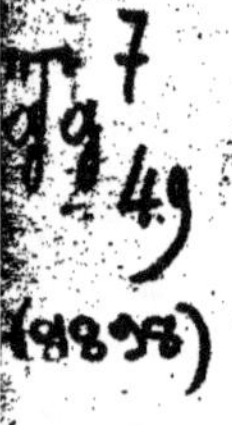

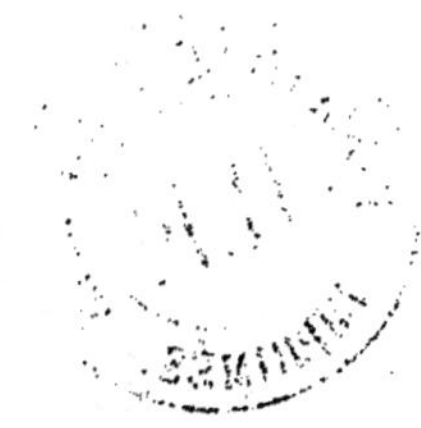

SOCIÉTÉ

DE

L'ALIMENTATION RATIONNELLE

DU BÉTAIL

COMPTE RENDU DU DEUXIÈME CONGRÈS

(Séances des 13 et 15 mars 1898)

PARIS

IMPRIMERIE NATIONALE

M DCCC XCVIII

SOCIÉTÉ
DE
L'ALIMENTATION RATIONNELLE
DU BÉTAIL.

BUREAU.

Président d'honneur : M. E. Tisserand, directeur honoraire de l'agriculture, conseiller maître à la Cour des comptes;

Président : M. Eugène Mir, sénateur de l'Aude, membre du Conseil supérieur de l'agriculture;

Vice-Président : M. A. Sanson, professeur honoraire de zootechnie à l'Institut national agronomique et à l'École nationale de Grignon;

Secrétaire général : M. A. Mallèvre, professeur de zootechnie à l'Institut national agronomique;

Secrétaire général adjoint : M. H. Baudoin, préparateur répétiteur du cours de zootechnie à l'Institut national agronomique;

Trésorier : M. Georges Gallo, maire de Croissy-sur-Seine.

COMITÉ DE DIRECTION.

MM. Arloing, de l'Institut, directeur de l'École de médecine vétérinaire, à Lyon;

H. Baudoin, préparateur répétiteur à l'Institut national agronomique;

J. Bénard, agriculteur à Coupvray (Seine-et-Marne), membre de la Société nationale d'agriculture;

Butel, vétérinaire à Meaux (Seine-et-Marne);

Chauveau, de l'Institut, inspecteur général des écoles vétérinaires, à Paris, membre de la Société nationale d'agriculture;

G. Cormouls-Houlès, agriculteur aux Failhades (Tarn);

J. Crevat, agriculteur dans l'Ain;

Dechambre, professeur à l'École nationale d'agriculture de Grignon;

G. Gallo, maire de Croissy-sur-Seine;

Garola, professeur départemental d'agriculture, à Chartres (Eure-et-Loir);

A.-Ch. Girard, professeur à l'Institut national agronomique;

MM. Grandeau, inspecteur général des stations agronomiques;

Gustave Huot, agriculteur à Saint-Léger (Aube);

de Lacaze-Duthiers, de l'Institut, président de la Société nationale d'agriculture;

Laulanié, directeur de l'École de médecine vétérinaire, à Toulouse;

Lavalard, membre de la Société nationale d'agriculture, administrateur délégué de la Compagnie des omnibus, à Paris;

Camille Leblanc, de l'Académie de médecine, médecin vétérinaire;

Jules Le Conte, conseiller référendaire à la Cour des comptes, propriétaire-éleveur;

A. Mallèvre, professeur de zootechnie à l'Institut national agronomique;

Eugène Mir, sénateur de l'Aude, membre du Conseil supérieur de l'agriculture;

Müntz, de l'Institut, professeur à l'Institut national agronomique, membre de la Société nationale d'agriculture;

Nouette-Delorme, éleveur à la Manderie, membre de la Société nationale d'agriculture;

Louis Passy, député, secrétaire perpétuel de la Société nationale d'agriculture, membre de l'Institut;

le Président de la Société des agriculteurs de France;

le Président de la Société nationale d'encouragement à l'agriculture;

Risler, directeur de l'Institut national agronomique, membre de la Société nationale d'agriculture;

Sagnier, directeur du *Journal de l'agriculture*, membre de la Société nationale d'agriculture;

le docteur Saint-Yves-Ménard, directeur du service de la vaccination de la Ville de Paris, membre de la Société nationale d'agriculture;

le comte de Saint-Quentin, député du Calvados, membre de la Société nationale d'agriculture;

A. Sanson, professeur honoraire de zootechnie;

E. Tainturier, membre de la Chambre syndicale du commerce en gros de la boucherie;

Teisserenc de Bort, sénateur de la Haute-Vienne, membre de la Société nationale d'agriculture;

E. Tisserand, directeur honoraire de l'agriculture, membre de la Société nationale d'agriculture;

Marcel Vacher, député de l'Allier, membre de la Société nationale d'agriculture;

Weber, membre de l'Académie de médecine.

STATUTS DE LA SOCIÉTÉ
DE L'ALIMENTATION RATIONNELLE DU BÉTAIL.
(ASSOCIATION SYNDICALE.)

TITRE PREMIER.

CONSTITUTION DE L'ASSOCIATION. — SON BUT. — SES MOYENS D'ACTION.

ARTICLE PREMIER. Il est formé entre les soussignés et ceux qui adhéreront aux présents statuts une association ayant pour but la recherche, l'étude, la démonstration et la vulgarisation des meilleurs procédés de production, d'élevage, d'alimentation, d'exploitation et d'appréciation des animaux domestiques.

ART. 2. Pour remplir son but, la Société pourra instituer des missions d'études en France et à l'étranger; ouvrir des enquêtes sur les méthodes employées; créer des fermes expérimentales et des laboratoires spéciaux; provoquer la création de livres généalogiques; donner des prix, des encouragements; publier des monographies et des ouvrages techniques, etc.

ART. 3. L'association prend le titre de *Société de l'alimentation rationnelle du bétail*. Son siège est à Paris.

TITRE II.

COMPOSITION DE L'ASSOCIATION.

ART. 4. L'association se compose de tous les propriétaires d'animaux domestiques (éleveurs, emboucheurs, nourrisseurs, etc.) et des membres de l'enseignement agricole qui adhéreront aux présents statuts et qui seront admis par le bureau.

ART. 5. L'association comprend des membres donateurs et des membres adhérents. Les membres donateurs versent au minimum une somme de 100 francs une fois donnée; les adhérents payent une cotisation de 10 francs par an.

ART. 6. Le bureau peut prononcer l'exclusion d'un membre en cas de faillite ou de condamnation judiciaire entachant l'honorabilité.

ART. 7. Le membre démissionnaire ou exclu ne conserve aucun droit sur le patrimoine syndical.

Les ayants droit d'un membre décédé n'auront aucun recours sur le capital social.

TITRE III.

ADMINISTRATION DE L'ASSOCIATION.

Art. 8. L'association est administrée et dirigée par un bureau qui est nommé chaque année en assemblée générale. Ce bureau est composé de la façon ci-après :

1 président;
2 vice-présidents;
5 présidents de section;
5 secrétaires de section;
1 secrétaire général;
1 secrétaire général adjoint;
1 trésorier.

L'association comprend cinq sections :

1ʳᵉ section : races, reproducteurs, élevage des jeunes;
2ᵉ section : animaux de travail;
3ᵉ section : vaches laitières;
4ᵉ section : engraissement;
5ᵉ section : animaux de basse-cour, pisciculture, apiculture et sériciculture.

Chaque section est représentée dans le bureau par son président et son secrétaire. Les membres du bureau sont annuellement rééligibles.

Le bureau est élu à la majorité des suffrages exprimés; le vote par correspondance est admis pour cette élection.

Tout ancien membre du bureau qui aura, en sortant de charge, reçu l'honorariat de ses fonctions, sera admis de droit aux réunions du bureau avec voix délibérative.

Les fonctions de membre du bureau sont gratuites.

Art. 9. Le président ou le membre du bureau qui le remplace convoque le bureau aux dates fixées par le bureau et toutes les fois que cela est nécessaire.

Les résolutions du bureau sont prises à la majorité des membres présents.

En cas de partage, le président ou celui des membres du bureau qui le remplace a voix prépondérante.

Il agit au nom de l'association et la représente dans tous les actes de la vie civile.

Art. 10. Le bureau de l'association est investi de tous les pouvoirs nécessaires pour agir au nom des associés qu'il représente, dans tous les cas où leurs intérêts collectifs seront engagés, pour les soutenir et les défendre, soit envers les tiers, soit auprès de toute autorité compétente et partout où besoin sera.

Art. 11. L'assemblée générale statutaire de l'association a lieu de droit tous les ans à Paris, à la date qui sera fixée par le bureau.

D'autres assemblées générales peuvent être spécialement convoquées par le président ou le membre du bureau qui le remplace.

Chaque année aura lieu à Paris, au moment du Concours général agricole, un congrès pour la discussion des questions intéressant la Société.

Il pourra également, sur la demande des sociétés locales, être tenu des congrès régionaux à l'occasion des concours régionaux.

Art. 12. Les décisions de l'assemblée générale sont prises à la majorité des membres présents.

Art. 13. Des règlements intérieurs déterminant le fonctionnement des sections, le rôle et les attributions des présidents et secrétaires, le mode de recouvrement des cotisations, l'organisation des fermes et laboratoires, les conditions dans lesquelles pourront être distribués des encouragements, etc., le mode de publication d'un bulletin destiné à assurer les communications entre les adhérents et les membres de la Société seront élaborés par le bureau, puis discutés et adoptés en assemblée générale.

Les communications sont adressées à M. A. Mallèvre, *secrétaire général*, rue Claude-Vellefaux, 64, à Paris.

Les adhésions à la Société de l'alimentation rationnelle du bétail et la cotisation de 10 francs sont adressées à M. Georges Gallo, *trésorier*, rue de la Victoire, 69, à Paris.

DEUXIÈME CONGRÈS

DE

L'ALIMENTATION RATIONNELLE

DU BÉTAIL.

—◆—

SÉANCE DU 13 MARS 1898.

Présidence de M. Eugène Mir, sénateur.

———

Le deuxième Congrès de l'alimentation du bétail s'est ouvert le 13 mars 1898, sous la présidence de M. Eugène Mir, sénateur de l'Aude, pendant le Concours général agricole de Paris, au Palais des machines.

Auprès de M. le Président avaient pris place sur l'estrade les membres du Comité de direction présents : MM. Tisserand, directeur honoraire de l'agriculture ; Risler, directeur de l'Institut national agronomique ; Grandeau, inspecteur général des stations agronomiques ; Lavalard, administrateur délégué de la Compagnie générale des omnibus ; Dr Saint-Yves-Ménard, directeur du service de la vaccination de la Ville de Paris ; Jules Le Conte, conseiller référendaire à la Cour des comptes ; A. Mallèvre, professeur de zootechnie à l'Institut national agronomique, secrétaire général ; Baudoin, préparateur-répétiteur du cours de zootechnie à l'Institut national agronomique, secrétaire général adjoint ; Georges Gallo, trésorier.

Devant un nombreux auditoire, M. Eugène Mir a ouvert la séance et prononcé l'allocution suivante :

Messieurs,

Avant de donner la parole à M. Mallèvre, secrétaire général, qui va vous faire un rapport sur les expériences relatives à l'alimentation, faites au cours de cette année, je vous demande la permission de vous dire un mot de ce que nous avons fait depuis le dernier Congrès. Et d'abord nous avons rempli le mandat dont vous nous aviez chargés auprès de M. le Président du Conseil, Ministre de l'agriculture.

Vous vous rappelez que sur la demande de M. Aubin, le Congrès avait donné mandat à votre bureau de faire une démarche afin de prier M. le Président du Conseil de vouloir bien nommer une commission de chimistes agronomes pour déterminer les procédés d'analyse des denrées alimentaires au point de vue des falsifications. Elle a été faite au commencement de l'année. M. le Ministre de l'agriculture a renvoyé la question à un comité qui siégeait déjà au Ministère, le Comité des stations agronomiques. Ce comité a été saisi et a nommé M. Grandeau, qui veut bien nous faire l'honneur de nous assister, et M. Muntz, qui ont prié M. le Ministre de vouloir bien leur adjoindre M. Garola pour la falsification des tourteaux, et MM. Schribaux et Bussard au point de vue des analyses botaniques et physiques.

Maintenant, Messieurs, permettez-moi d'ajouter que nous avons fait une large publicité et une large distribution du compte rendu de notre premier Congrès. Nous avons eu d'abord quelque peine à en constituer le texte, en l'absence d'un sténographe, dont nous avions négligé de nous munir (nous y avons pourvu cette année); cependant, grâce à vos orateurs, qui ont bien voulu nous fournir des notes détaillées, grâce aussi au zèle intelligent de notre secrétaire général, nous avons essayé de reproduire la physionomie exacte de nos débats, et par les félicitations que le comité de rédaction a reçues, nous avons compris que nous avions donné satisfaction aux adhérents de notre premier Congrès. Nous avons même reçu à ce propos des félicitations sur l'élégance et la correction du texte; ces félicitations ne nous appartiennent pas, et je les renvoie à qui de droit, c'est-à-dire à M. le Directeur de l'Imprimerie nationale.

Nous avons ajouté à la distribution du compte rendu de notre premier Congrès un exemplaire des Tables de Wolff, relatives à la composition chimique et à la digestibilité des aliments. Vous connaissez tous ces tables, qui permettent de tenir chaque année les agriculteurs au courant de la science agronomique, et qui sont si nécessaires au monde agricole. Ces Tables ont eu un grand succès.

Nous avons envoyé un exemplaire des comptes rendus de notre Congrès et de ces Tables à toutes les sociétés et à tous les comices agricoles de France. Enfin à l'étranger nous en avons adressé à nombre de sociétés, de laboratoires, d'établissements de recherches scientifiques, de sorte que je puis dire que nous avons jeté dans le monde entier le nom de notre société, et le nom des illustres savants sous le patronage desquels elle a pris naissance, a grandi et s'est développée.

Par cette publicité aussi large que diverse, je crois que nous avons bien servi la cause de l'Alimentation, à laquelle nous sommes tous dévoués. Nous avons reçu en échange des remerciements, de précieux encouragements, et aussi des promesses de concours; mais nous ne pourrons faire bénéficier le Congrès actuel de ces concours et des communications qui nous ont été promises : elles sont arrivées à une heure trop tardive pour que nous ayons pu les réunir et vous les présenter sous une forme méthodique. Nous en ferons profiter le prochain Congrès.

Ce prochain Congrès quand aura-t-il lieu? Est-ce en 1899? Attendrons-nous au contraire jusqu'en 1900, comme on nous y engage au Ministère de l'agriculture, qui voudrait que nous nous réservions pour apporter notre concours à notre Exposition Universelle, et pour rendre plus éclatantes ces assises pacifiques du travail, auxquelles la France républicaine désire convoquer les nations civilisées (*Applaudissements*)...? Nous ne pouvons rien préciser encore, Messieurs, mais vous serez avertis ultérieurement de la décision prise par une circulaire qui sera adressée à tous nos adhérents.

Et maintenant je donne la parole à M. Mallèvre, professeur de zootechnie à l'Institut national agronomique, pour nous lire son rapport sur les expériences faites depuis notre dernier Congrès. (*Nouveaux applaudissements.*)

M. MALLÈVRE, secrétaire général, donne lecture de son rapport :

M. A. MALLÈVRE. Messieurs, ainsi que M. le Président vient de le rappeler, j'ai rédigé, sur l'invitation du Comité de direction de la Société, un compte rendu succinct des travaux d'alimentation publiés ou parvenus à notre connaissance depuis le dernier Congrès. C'est ce compte rendu dont j'ai l'honneur de vous donner maintenant lecture. Seules les recherches expérimentales y ont trouvé place, parce que ce sont elles seules aussi qui sont de nature à faire progresser la science appliquée de l'alimentation.

Le but final que se propose toute recherche expérimentale concernant l'alimentation consiste à déterminer la valeur nutritive des aliments, c'est-à-dire que ces recherches doivent nous conduire à pouvoir calculer à l'avance, à prévoir, avec la plus grande approximation possible, l'effet que produira telle ou telle substance ajoutée à une ration donnée ou remplaçant, dans cette ration, un ou plusieurs des aliments qui y figuraient. C'est en somme l'étude de la valeur nutritive comparée des aliments pour les diverses situations zootechniques qui se trouvent réalisées dans la pratique agricole; c'est de même l'étude des substitutions alimentaires et des modifications qu'elles entraînent dans le rendement des machines vivantes, autrement dit dans la quantité et dans la qualité des divers produits de l'industrie animale : viande, lait, travail moteur, etc.

Eh bien! Si l'on jette un coup d'œil d'ensemble sur les moyens employés jusqu'à présent pour parvenir au but indiqué à l'instant, on ne tarde pas à reconnaître qu'il est possible de les rattacher à deux méthodes d'investigation nettement distinctes, bien que ces deux méthodes puissent être employées simultanément, et cela avec le plus grand avantage.

Dans la première de ces méthodes, on recherche la valeur nutritive des aliments d'une façon comparative sans se préoccuper de leur composition chimique, ni du rôle que jouent dans l'organisme les divers principes nutritifs renfermés dans l'aliment. On étudie l'aliment en bloc. Cette méthode très simple, et qui est désignée quelquefois sous le nom de « méthode pratique », uniquement parce qu'elle n'exige pas pour son application un bagage scientifique considérable, donnerait de remarquables résultats si les divers aliments, désignés à l'ordinaire sous un nom invariable pour chacun d'eux, gardaient une composition chimique constante, si en un mot ces aliments restaient toujours identiques. Or c'est le contraire qui est vrai; personne n'ignore plus que la betterave fourragère, pour ne citer qu'un exemple, peut renfermer du simple au double de matière sèche, et ce ne sont pas les écarts extrêmes; les autres aliments se comportent d'une façon analogue. Dès lors en attribuant à des aliments de même nom une même valeur nutritive, on court le risque de commettre des erreurs grossières, et c'est précisément ce qui est arrivé dès qu'on a voulu généraliser les résultats obtenus par la méthode pratique. C'est elle qui a conduit jadis aux équivalents nutritifs, repoussés d'ordinaire aujourd'hui avec la dernière énergie. On a même été un peu sévère à son égard. Elle a fourni beaucoup de renseignements, et n'est-ce pas elle qui bien souvent encore est la seule capable de nous faire connaître, d'une façon fort incomplète à la vérité, l'influence des divers aliments sur la qualité des produits zootechniques? Mais ce qui est vrai, c'est qu'on a tiré de cette méthode le meilleur de ce qu'elle pouvait donner. C'est un outil qui va s'usant à la longue. Toujours est-il que parmi les travaux d'alimentation publiés depuis le dernier Congrès, il ne paraît pas s'en trouver qui, exécutés d'après cette méthode, présentassent un intérêt suffisant pour être rappelés ici.

La seconde méthode d'investigation procède d'une façon toute différente. C'est, si l'on veut lui donner un nom, la méthode d'investigation chimique. Elle repose en somme sur la conception suivante : les aliments sont en nombre très grand et, de plus, infiniment variables dans leur valeur nutritive. Par contre les composés chimiques qui constituent les principes nutritifs renfermés dans les denrées alimentaires sont relativement peu nombreux, au moins pour les plus importants. Comme ce sont eux qui en fin de compte déterminent la valeur nutritive des aliments, c'est vers leur étude qu'il convient de se tourner. Il faut apprendre à les distinguer, à les doser. Il faut rechercher ensuite par l'expérience sur l'animal quels sont ceux de ces composés qui sont digérés, et dans quelle proportion ils le sont. Pendant longtemps les recherches n'étaient guère poussées plus loin. Ce n'est pas tout cependant. Il importe encore de suivre les principes nutritifs après qu'ils ont pénétré dans la circulation générale et d'étudier les effets de chacun d'eux sur la fabrication des divers produits utilisables on non de l'organisme.

Si une pareille enquête scientifique était complète, elle permettrait sans doute de prévoir la valeur nutritive des aliments en se basant avant tout sur la connaissance de leur composition chimique. On est donc cette fois en possession d'une méthode d'investigation très puissante. C'est à proprement parler la méthode vraiment scientifique : la méthode de l'avenir. Mais dans cette voie féconde on a franchi seulement les premières étapes.

La méthode chimique nécessite encore des travaux considérables, en même temps qu'elle doit surmonter de très grosses difficultés. Souvent même elle est arrêtée dans sa marche en avant, les progrès de la chimie, pourtant si florissante, ne lui fournissant qu'avec lenteur et par à-coups les moyens de pousser plus loin ses recherches. Combien de fois ne lui faut-il pas consacrer la plus grande part de ses efforts à l'invention de ses instruments de travail, c'est-à-dire des méthodes d'analyse? C'est en effet la perfection de ces dernières qui commande l'exactitude des résultats obtenus, à la condition bien entendu qu'elles soient appliquées avec habileté.

Or toutes ces recherches sur les méthodes d'analyse n'intéressent que d'une manière indirecte les problèmes pratiques de l'alimentation des animaux domestiques. Il en est de même aussi pour bon nombre de celles qui concernent la façon dont se comportent dans l'organisme les principes nutritifs, tant qu'elles ne sont pas assez avancées pour que le lien qui les unit aux problèmes pratiques de l'alimentation apparaisse nettement. Il y a là toute une catégorie de travaux considérables qui ne présentent encore d'intérêt véritable que pour les chercheurs, pour le laboratoire. Aussi m'a-t-il semblé qu'il convenait de ne pas examiner ici les mémoires récents qui se rattachent à cette catégorie.

C'est ainsi que je passerai sous silence les nombreux travaux qui sont destinés à nous éclairer plus complètement sur la nature des substances renfermées dans les groupes trop hétérogènes qu'on dose encore souvent en bloc sous le nom de protéine ou matière azotée brute, de matières grasses brutes, de cellulose brute et d'extractifs non azotés bruts.

Par exemple dans ces derniers temps on a réussi à obtenir la séparation et le dosage approximatifs d'une classe naturelle de composés chimiques très répandus dans les aliments d'origine végétale. Ce sont les pentosanes, renfermées en abondance surtout dans les pailles et les foins et qui autrefois se trouvaient inégalement réparties suivant le cas dans le groupe des extractifs non azotés et de la cellulose.

Cette conquête dans le domaine de l'analyse quantitative est trop récente encore pour qu'on puisse prévoir les résultats de son application à l'étude de la nutrition des herbivores. On a constaté seulement qu'une partie importante des pentosanes ingérées ne reparaissait pas dans les excréments. Quel rôle revient dans l'organisme à la partie ainsi digérée ? C'est ce qu'il s'agira de découvrir. On ne le sait pas encore exactement.

Il y a déjà plus longtemps qu'on est parvenu à opérer une coupure intéressante dans le groupe de la protéine. Non seulement la protéine brute, mais encore la protéine digestible est loin de comprendre toujours des composés chimiques azotés de même nature. On a réussi à distinguer et à doser dans cette protéine deux sous-groupes qu'on range sous le nom de matières azotées albuminoïdes et de matières azotées non albuminoïdes. On sait que les premières ont pour la nutrition de l'organisme une valeur prépondérante. Mais que valent les autres qui parfois sont en quantité à peine inférieure aux premières dans certains aliments comme les racines et les tubercules ? Telle est la question !

On a d'abord reconnu que ces matières azotées non albuminoïdes étaient composées ordinairement pour la majeure partie de corps amidés dont l'asparagine est le type le plus répandu.

De là à étudier le rôle de l'asparagine dans l'organisme, il n'y avait qu'un pas. On a tenté de le franchir. Et si je consacre quelques instants aux recherches qui concernent ce rôle et dont les dernières sont de date assez récente, c'est qu'elles montrent d'une façon tout à fait caractéristique avec quelle prudence la méthode, que faute de mieux nous avons appelée chimique, est obligée de procéder, si elle veut se garder d'erreurs regrettables.

La grosse question était de savoir d'abord si oui ou non l'asparagine pouvait, au même titre que les matières azotées albuminoïdes, subvenir aux besoins de l'organisme et contribuer à la formation des matières azotées albuminoïdes constituantes du corps animal. On fit donc consommer de l'asparagine à divers animaux tout en étudiant leurs échanges azotés et l'on parvint à ce résultat curieux que les herbivores et les carnivores ne se comportent pas de la même façon vis-à-vis de cette substance. Chez les carnivores l'asparagine est dénuée complètement de la propriété de remplacer, même dans une faible mesure, les matières azotées albuminoïdes et de provoquer par conséquent un dépôt de cette dernière substance dans l'organisme. Les herbivores se comportent au contraire d'une façon opposée; chez eux l'asparagine a le pouvoir d'occasionner plus ou moins directement un tel dépôt. Cette singulière différence dans les résultats obtenus avec les herbivores et les carnivores a engagé Paul Meyer[1] à reprendre l'étude de la question. Il a opéré sur des moutons adultes auxquels il a fait consommer, en plus de rations convenablement composées, des quantités variables d'asparagine (jusqu'à 20 grammes par jour et par tête) et a confirmé les données antérieurement établies. L'asparagine a pu remplacer une certaine quantité de matière azotée albuminoïde dans la ration et même influencer positivement le dépôt de matière azotée dans le corps.

Quant à l'explication de la différence qui existe entre carnivores et herbivores on est loin de la connaître. S'agit-il là, comme le croient quelques-uns, d'une action indirecte qu'exercerait l'asparagine en jouant un rôle spécial dans la digestion microbienne dont on reconnaît de plus en plus la grande importance chez les herbivores? C'est ce qu'on ignore, cette vue étant une pure hypothèse. Si vraiment la structure anatomique de l'appareil digestif est pour quelque chose dans la différence, celle-ci ne devrait plus se produire quand on introduit l'asparagine dans l'organisme en évitant de la faire passer par le tube digestif. Mais l'expérience n'a pas été encore exécutée dans ces conditions. Le fait relevé subsiste néanmoins et montre bien qu'il ne faut pas se hâter de généraliser. Dans le cas actuel, l'expérience sur le carnivore ne permettrait pas de savoir ce qui se passe chez l'herbivore et donnerait des résultats qui appliqués à ce dernier seraient erronés.

[1] *Inaugural Dissertation*, Bonn 1896.

Mais encore une fois je laisse de côté les recherches de ce genre qui, en général, ne sont pas encore suffisamment au point pour intéresser d'une façon bien vive les questions de la pratique et pour leur trouver des solutions avantageuses.

Ainsi nous avons vu la méthode pratique employée seule rester le plus souvent impuissante, nous avons constaté ensuite que la méthode purement chimique appliquée à certaines expériences de laboratoire, tout en promettant beaucoup pour l'avenir, ne fournissait souvent encore à l'heure actuelle que des données incomplètes. Eh bien ! en utilisant simultanément les deux méthodes, on réalise une fois de plus l'alliance féconde de la science avec la pratique. Les résultats les plus directement utilisables dans la pratique sont en effet ceux qui sont obtenus quand on institue l'expérience comme si on devait lui appliquer uniquement la méthode pratique et qu'on la contrôle par la méthode chimique dans la mesure où celle-ci le permet actuellement. Et de fait c'est cette méthode mixte qui est aujourd'hui le plus fréquemment employée. Seulement le contrôle chimique est poussé plus ou moins loin. Tantôt il se borne à l'analyse des aliments consommés; tantôt on examine en outre les produits zootechniques et les déchets de la nutrition. Si toutes les autres conditions sont favorables d'ailleurs, on peut dire que les expériences présentent d'autant plus de valeur, que leur interprétation peut être d'autant plus exacte et par suite leur généralisation opérée avec d'autant plus de sûreté et d'autant moins de chances d'erreur que le contrôle chimique a été plus minutieux, plus complet.

Et comme un tel contrôle échappe nécessairement aux praticiens, comme il demande un apprentissage scientifique spécial, comme il exige des dépenses sérieuses et inévitables, il est bien permis d'exprimer en passant le regret que dans notre pays au moins les établissements scientifiques qui seraient tout naturellement appelés à l'exercer ne soient pas en général assez largement dotés pour le faire.

C'est là une lacune. La Société d'alimentation a eu dès son origine la louable ambition de travailler à la combler. Il est à souhaiter qu'elle ne perde pas de vue ce point très important, le plus important de ceux auxquels elle désirait consacrer son activité.

Les expériences que nous allons maintenant passer en revue visent des problèmes essentiellement pratiques et ont été soumises à un contrôle chimique d'ailleurs plus ou moins étendu. Elles sont assez nombreuses, d'où la nécessité de les grouper pour rendre l'exposé plus facile, bien que l'ordre qu'on puisse mettre dans un tel sujet soit pour une bonne part artificiel. Examinons d'abord les expériences sur les bêtes bovines, en commençant par celles qui sont soumises à l'engraissement.

M. Cormouls Houlès [1] a continué ses recherches assidues sur l'alimentation et présenté à la Société nationale d'agriculture une note sur la valeur nutritive comparée de la pomme de terre cuite et de la pomme de terre crue ensilées. En même temps que cette première question il a tenté d'en étudier une autre qui se rapporte à l'influence d'une relation nutritive plus ou moins large, la relation nutritive étant le rapport des matières azotées aux matières non azotées de la ration.

Il s'agissait de voir les modifications que ces divers facteurs exercent sur l'augmentation de poids vif et l'engraissement de génisses limousines âgées de 20 à 22 mois. Les expériences duraient environ deux mois et demi et étaient exécutées sur 4 lots de 8 bêtes chacun. Les rations étaient composées de foin sec, de pomme de terre cuite ou ensilée et de tourteaux de coton non décortiqué dans les proportions indiquées dans le tableau annexé à ce rapport :

RATION PAR JOUR ET PAR TÊTE.

DÉSIGNATION.	POMMES DE TERRE CUITES.		POMMES DE TERRE CRUES.	
	LOT 1.	LOT 2.	LOT 3.	LOT 4.
	kilogr.	kilogr.	kilogr.	kilogr.
Foin sec............................	8 200	0 200	8 000	8 000
Pommes de terre....................	12 000	6 000	8 700	4 350
Tourteau de coton non décortiqué......	1 200	3 000	1 200	3 000
Matière sèche totale................	10 830	10 830	10 830	10 830
Relation nutritive.................	$\frac{1}{4.8}$	$\frac{1}{3.5}$	$\frac{1}{5.35}$	$\frac{1}{3.75}$

Grâce à l'analyse chimique des aliments, on avait pu établir pour tous les lots une ration renfermant la même quantité de matière sèche. Les lots 1 et 2 consommaient des pommes de terre cuites, mais les relations nutritives étaient différentes, l'une relativement large, l'autre étroite. Il en était de même pour les lots 3 et 4 recevant de la pomme de terre crue ensilée.

Or voici quelles ont été les augmentations moyennes journalières de poids vif par tête :

[1] *Bulletin de la Société nationale d'agriculture*, n° 6, 1897.

Lot 1, nourri à la pomme de terre cuite avec une R N[1] large. . . .   766 gr.
Lot 2, nourri à la pomme de terre cuite avec une R N étroite. . . .   926
Lot 3, nourri à la pomme de terre crue ensilée avec une R N large.   714
Lot 4, nourri à la pomme de terre crue ensilée avec une R N étroite.   900

De ces chiffres on conclura aisément avec l'auteur que, à quantité de matière sèche égale, la pomme de terre crue ensilée n'a pas donné un résultat sensiblement inférieur à la pomme de terre cuite. L'ensilage, en effet, n'avait pas déterminé la cuisson de la pomme de terre, comme cela s'est présenté dans des expériences faites ailleurs et antérieurement.

On reconnaîtra en outre que les relations nutritives étroites ont donné des résultats notablement supérieurs.

M. Cormouls Houlès se propose de continuer ses expériences sur la pomme de terre ensilée qui lui paraît promettre de sérieux avantages au point de vue économique.

Depuis quelques années, la Société d'agriculture des Highlands de l'Écosse a confié à un savant, M. Aitken[2], le soin d'étudier un certain nombre de questions qui intéressent l'alimentation des bovidés jeunes à l'engrais.

En Écosse, on admet généralement que le tourteau de lin possède des qualités qui le rendent supérieur à toutes les autres sortes d'aliments concentrés. Aussi voit-on qu'on emploie dans ce pays beaucoup plus de tourteau de lin que de tous les autres tourteaux réunis; pendant que ce tourteau de lin atteint un prix plus élevé que celui de tout autre aliment de composition analogue. Cependant dans les expériences des dernières années, exécutées par les soins de la Société des Highlands, on avait constaté déjà que d'autres aliments, mélangés de façon à renfermer la même somme de matières nutritives que le tourteau de lin, faisaient prospérer le bétail tout aussi bien que ce dernier aliment et même mieux dans quelques cas.

Étant donné les fortes sommes dépensées annuellement pour l'achat des aliments concentrés, les directeurs de la Société ont jugé qu'il était important de faire une série d'expériences pour déterminer avec quelque exactitude la valeur nutritive comparée des aliments les plus usités en Écosse.

Les recherches antérieures avaient convaincu M. Aitken que de telles expériences ne peuvent présenter quelque garantie d'exactitude que si elles sont entreprises sur une assez grande échelle. Avec 8 têtes dans chaque lot, il avait reconnu que les particularités individuelles venaient troubler les indications

[1] R N signifie relation nutritive.
[2] Transactions of the Highland and agricultural Society of Scotland, 1897.

des expériences au point de les rendre douteuses. Cette fois on opéra donc sur des lots de 10 têtes, le poids vif moyen des bœufs âgés de 2 ans dépassant à peine 450 kilogrammes par tête au commencement de l'expérience.

On poursuivait un double but :

1° Déterminer si les prix payés sur le marché pour divers aliments concentrés sont en harmonie avec leur valeur nutritive;

2° Voir si les augmentations de poids vif, réalisées par les différents lots, dépendaient nettement de la relation nutritive de la ration consommée.

L'expérience fut donc instituée en partant d'une considération économique. En plus de paille d'avoine à volonté et d'une quantité fixe de turneps formant la base de la ration, on donna la quantité d'aliments concentrés de chaque sorte qui pouvait être achetée au moment de l'expérience pour le même prix que 10 livres anglaises de son d'orge.

5 lots furent constitués permettant de comparer, dans les conditions énoncées, le tourteau de coton décortiqué (lot 1), un mélange de tourteau de coton et de drêches de brasserie desséchées (lot 2), le tourteau de lin (lot 3), le son d'orge (lot 4), un mélange d'avoine aplatie et de maïs concassé (lot 5), la somme dépensée pour ces aliments concentrés restant la même pour chacun des lots. L'expérience dura quatre mois avec des pesées mensuelles. Les aliments étaient en outre analysés. Partant de là on calculait la teneur des rations en principes nutritifs digestibles en utilisant les coefficients usuels de digestibilité. Mais on avait soin de vérifier la valeur de ces coefficients par des recherches temporaires directes sur la puissance digestive des animaux en expérience. On trouvera condensées, autant que cela est possible, dans le tableau annexé à ce rapport, les données principales de l'expérience :

NUMÉRO DU LOT.	MATIÈRES DIGESTIBLES EN LIVRES ANGLAISES [1] DANS LA RATION PAR JOUR ET PAR TÊTE.					RELATION NUTRITIVE.	EN LIVRES ANGLAISES [1] GAIN de poids vif par jour et par tête.
	MATIÈRE organique totale.	MATIÈRES azotées.	MATIÈRES grasses.	MATIÈRES hydrocarbonées.	CELLULOSE.		
4	12,5	1,6	0,64	8,1	2,2	1 : 7,4	1,42
2	11,4	2,5	0,90	6,0	2,0	1 : 4	1,33
5	11,2	1,1	0,61	7,6	1,9	1 : 10	1,26
3	11,0	2,2	0,76	5,7	2,3	1 : 4,5	1,20
1	10,9	3,1	1,00	5,6	1,8	1 : 3	1,11

(1) La livre anglaise vaut 453 grammes 6.

On remarquera que dans ce tableau les lots sont classés suivant la teneur décroissante de leur ration en matière organique digestible totale. On voit ainsi d'un coup d'œil que le gain de poids vif a diminué régulièrement avec cette teneur en matière organique.

Les conclusions tirées par l'auteur ont été les suivantes :

Dans l'ensemble les bêtes n'ont pas donné un gain de poids vif aussi élevé qu'on aurait pu l'obtenir. Mais il faut se souvenir que le gain journalier de poids vif dépend de circonstances diverses parmi lesquelles l'état des animaux au début de l'expérience a une importance marquée. Or les animaux n'étaient pas maigres dans le cas actuel. L'année précédente ils avaient été bien nourris et dans ces conditions on ne peut pas obtenir aisément plus de 1 livre et demie à 2 livres anglaises de gain de poids vif par jour. L'augmentation journalière moyenne de poids vif s'est élevée à 1 livre un quart. Six bêtes particulièrement dures ont donné moins de 1 livre par jour. Deux autres ont produit 2 livres et celle qui a donné le plus fort gain de poids vif était dans le lot dont l'accroissement moyen était le plus faible. Ceci montre, dit Aitken, qu'il est plus important d'avoir un bon animal qu'une nourriture de qualité supérieure et que, même avec une excellente nourriture, on peut rencontrer des animaux qui se nourrissent mal, qui sont de mauvais utilisateurs des aliments. La qualité inférieure des turneps et de la paille d'avoine doit d'ailleurs avoir contribué certainement à réduire le gain de poids vif.

Mais cela n'empêche pas les expériences de donner des éclaircissements sur les aliments concentrés. On constate tout d'abord que, dans les conditions de l'expérience, les prix des aliments concentrés sur le marché ne sont pas en harmonie avec leur valeur nutritive. Autrement, tous les lots auraient dû accuser sensiblement la même augmentation de poids vif, les aliments concentrés consommés par chacun d'eux ayant coûté un prix égal. C'est ainsi que le tourteau de lin s'est montré très coûteux, le tourteau de coton mélangé de drèches de brasserie desséchées plus économique et plus économique encore le son d'orge. Ce dernier point a une grande importance pour les agriculteurs de l'Écosse. Le son d'orge étant produit en grande quantité dans le pays et d'ordinaire exporté sur le continent pour la nourriture du bétail, ils ont tout avantage à le faire consommer eux-mêmes plutôt que d'acheter des tourteaux qui, pour une même somme d'argent dépensée, produisent un effet nutritif moindre.

En ce qui concerne l'action de la relation nutritive sur le gain de poids vif, on constate qu'elle n'a pas eu dans ces expériences d'influence décisive.

Celle-ci a été due bien plutôt à la teneur des rations en matière organique digestible totale. En somme, dit Aitken, il semble que pour obtenir un gain élevé de poids vif, le premier point consiste à trouver un animal tendre, qui se nourrisse bien. En deuxième lieu il convient de lui donner une nourriture appétissante afin qu'il en consomme le plus possible. On se préoccupera ensuite seulement de la relation nutritive de la ration, mais il ne semble pas que la relation nutritive la plus avantageuse pour l'engraissement puisse être déterminée d'une façon aussi précise qu'on a coutume de l'enseigner sur le continent.

Nous allons maintenant aborder les recherches sur l'alimentation des vaches laitières.

Un certain nombre d'expériences concernent une question agitée depuis bien longtemps et qui ne paraît pas avoir reçu encore une solution tout à fait satisfaisante. Il s'agit de l'influence qu'exercent les divers aliments sur la teneur du lait en matières grasses et aussi sur la matière grasse totale du lait produit. La matière grasse du lait constituant la partie de beaucoup la plus précieuse de ce liquide, celle dont dépend dans bien des cas la valeur économique des produits qu'on en peut tirer, on conçoit qu'il y ait un intérêt très net à savoir si l'on peut faire croître la quantité de cette matière grasse par une alimentation convenable.

L'idée la plus simple qui se présente à l'esprit, c'est que la teneur du lait en matière grasse pourrait bien être influencée par la richesse en graisse des aliments consommés. Une bête recevant une ration plus riche en principes gras fournirait un lait dont la teneur en matière butyreuse serait plus élevée. Or des expériences déjà anciennes et assez nombreuses, instituées dans le but d'étudier cette question, avaient, à de rares exceptions près, donné une réponse négative. Et comme la sécrétion du lait est sensible à l'action d'une multitude de facteurs, comme dans les conditions normales on observe, non seulement d'une traite à l'autre, mais d'un jour au suivant des variations inévitables dans la composition du lait, comme enfin surtout il semblait établi qu'on ne pouvait pas à volonté par l'effet de l'alimentation provoquer l'élévation de la teneur du lait en matière butyreuse, on en avait conclu généralement que les exceptions signalées étaient dues à des erreurs qui s'étaient glissées dans des expériences particulièrement difficiles à bien conduire ou à des interprétations fautives, mais qu'en fin de compte on devait admettre que tout se passait comme si la teneur du lait en matière butyreuse n'était pas di-

rectement influencée par une alimentation plus ou moins riche en principes
gras.

Or vers la fin de 1896, peu de temps avant le dernier Congrès d'alimentation, un chercheur connu pour ses nombreux travaux, Soxhlet de Munich,
ramenait au jour cette question qui paraissait vidée. Il se prétendait en mesure
de démontrer par le résultat de ses expériences que ce qu'on avait pris autrefois pour la règle était l'exception et réciproquement; bien plus il fournissait
une explication des contradictions antérieures. Pour lui si la plupart des essais
faits jadis étaient restés sans résultat, c'est qu'on administrait aux vaches le
supplément de matière grasse ajouté à la ration sous une forme non assimilable, c'est-à-dire en émulsion insuffisamment fine. Les chiffres qu'il citait venaient très nettement prêter appui à ses affirmations. Il avait obtenu des laits
très riches en matières grasses, jusqu'à 5.8 p. 100, en faisant consommer, par
exemple, de l'huile de lin ou de sésame en émulsion fine à raison de 0k.750
à 1 kilogramme par jour.

Depuis, quelques nouvelles expériences ont été faites par certains chercheurs désireux de contrôler les assertions de Soxhlet et, si dans une certaine
mesure elles en ont confirmé la justesse, elles leur ont en outre apporté,
comme on pouvait s'y attendre, des correctifs qui font disparaître la plus
grande part des espérances qu'elles avaient fait concevoir à quelques personnes.

A la ferme d'expériences annexée à la Station agronomique de Halle,
Mœrcker [1] a institué l'essai suivant: Il est parti d'une ration très pauvre en
matière grasse et contenant comme aliments concentrés du son de froment et
des lupins cuits à la vapeur et débarrassés de leur principe toxique. Cette ration analysée était distribuée aux vaches laitières : on déterminait la matière
grasse du lait produit. Dans des périodes ultérieures, on enrichissait plus ou
moins la ration en principes gras en l'additionnant de tourteau de palme ou de
tourteau de coprah et l'on faisait alterner les périodes à ration riche en principes gras avec les périodes à ration pauvre en ces substances. Un tableau annexé au rapport résume les chiffres les plus importants :

---

[1] *Fühling's landw.* Zeitung 1897.

DÉSIGNATION.	MATIÈRE GRASSE DANS LA RATION JOURNALIÈRE par tête.	TENEUR DU LAIT en matière grasse p. 100.
	kilogrammes.	
1re période, ration pauvre en matière grasse..............	0.297	3.21
2e période, ration enrichie par le tourteau de palme.............	0.437	3.52
3e période, pauvre en matière grasse...................	0.297	2.20
4e période, enrichie par tourteau de coprah................	0.747	3.48
5e période, enrichie, mais le tourteau de coprah était plus riche en matière grasse..................	1.706	4.00
6e période pauvre en matière grasse..................	0.297	3.23

En ce qui concerne l'action de la matière grasse des aliments, l'essai de Mœrcker confirme celui de Soxhlet. Il y a augmentation de matières butyreuses du lait, quand la nourriture contient plus de principes gras et réciproquement. On voit ainsi que, dans les essais examinés en ce moment, la teneur du lait en matière butyreuse sous l'influence du tourteau de coprah très riche — il est vrai en principe gras passe de 3.2 p. 100 à 4 p. 100 environ, soit une augmentation de 1/5e.

Mais Mœrcker a trouvé, en outre, que la quantité de lait produit était influencée par la nourriture riche en graisse et influencée défavorablement. Conséquence : la quantité totale de matière butyreuse obtenue n'est guère modifiée. Les deux effets se compensent à peu près. Ainsi quand on donne les tourteaux de coprah peu riches en matières grasses, on obtient (période 4 du tableau), avec une teneur du lait en matière butyreuse de 3.48 p. 100, 509 gr. 3 de matière butyreuse totale par jour dans le produit. Dans la période suivante (période 5) avec le tourteau de coprah plus riche, on arrive à une teneur du lait en matière butyreuse de 4 p. 100; mais la quantité totale de matière butyreuse ne dépasse pas 520 grammes. La teneur du lait en matière butyreuse a augmenté de 1/7e environ, mais la quantité de lait produit a diminué à peu près dans la même proportion; résultat : la quantité totale de matière butyreuse a à peine varié. L'auteur estime qu'il conviendrait de reprendre les essais en augmentant d'une façon plus ménagée les matières grasses de la ration, mais ses expériences ne montrent pas moins nettement qu'il ne faut pas se hâter d'affirmer avec Soxhlet qu'il est facile par une alimentation devenue très riche en principes gras d'exercer une action avantageuse sur la production de matière butyreuse du lait. Dans l'expérience de Mœrcker, l'effet le plus net de la matière grasse a été de provoquer une augmentation considérable du poids vif des vaches laitières.

Une expérience du même genre que celle de Mœrcker a été exécutée à l'Académie agricole de Poppelsdorf par Melik Beglarian [1]. Cette fois on a ajouté jusqu'à 1 kilogramme d'huile de lin en émulsion fine à la ration journalière et l'on a comparé aussi l'action de la farine de lin deshuilée avec celle de la farine de lin provenant de graines intactes. Les rations riches en principes gras ont bien produit en général une augmentation de la teneur du lait en matière grasse. Mais l'effet a été moins net que dans l'essai de Mœrcker, si bien que l'auteur ne croit pas à la possibilité d'influencer pratiquement la teneur du lait en matière grasse par les moyens employés ici.

Enfin et bien qu'aucun travail paru depuis le dernier Congrès ne vise cette particularité, je rappellerai que des essais exécutés par Wood aux États-Unis il y a peu d'années avaient conduit ce chercheur à admettre que l'adjonction de matières grasses à la ration peut bien influencer momentanément la teneur du lait en matières grasses, mais que l'action disparaît bien vite et que le lait reprend sa composition normale au bout de peu de temps. Cette remarque me paraît utile, parce que les essais aussi bien de Soxhlet que de Mœrcker et de Melik Beglarian n'ont duré qu'un temps fort limité, chaque période à l'ordinaire ne dépassant pas pas 8 à 10 jours.

C'est d'ailleurs un fait très général, et les expériences que nous avons encore à examiner viendront le confirmer, c'est, dis-je, un fait très général que nombre de facteurs qui ont le pouvoir de modifier la composition du lait à un moment donné sont incapables d'exercer sur elle une action durable.

Voici maintenant un certain nombre d'expériences qui visent l'influence des aliments non plus seulement sur la production de la matière butyreuse du lait, mais plus généralement sur la sécrétion lactée.

Le professeur Ramm [2] a recherché l'action qu'exerce un grand nombre d'aliments concentrés sur la fonction laitière. Il opérait sur deux lots de cinq vaches chacun et de telle sorte que tous les dix jours un nouvel aliment concentré était essayé. On voit qu'il s'agit d'expériences de courte durée pour chaque aliment. Dix-huit aliments ont ainsi été essayés. Afin qu'on ne puisse pas attribuer l'effet variable des aliments à la teneur différente des aliments en protéine digestible, la quantité de chaque aliment concentré était mesurée de telle sorte que la ration conservât une teneur en protéine digestible, à peu près constante. Cette façon d'opérer a eu pour résultat de rendre très inégales les quantités des divers aliments consommés et par suite aussi les quantités totales de

<hr>

[1] *Milch Zeitung* n° 33, 1897.
[2] *Landw Jahrbücher*, 1897.

principes nutritifs digestibles renfermées dans les rations. Par exemple, pendant qu'on ajoutait 15 kilogrammes de maïs (aliment pauvre en protéine) par jour et par 1,000 kilogrammes de poids vif à la ration fondamentale composée de foin de pré, de paille et de betteraves fourragères, il fallait y adjoindre seulement 3 kilogrammes de tourteau d'arachide (aliment riche en protéine). On comprendra que de telles différences rendent très difficile l'exacte interprétation des résultats obtenus. D'ailleurs, pour reconnaître si la façon dont les aliments se succédaient pouvait avoir quelque influence sur les résultats, un des lots recevait les aliments dans un certain ordre et l'autre lot dans l'ordre inverse.

Voici les observations dignes de remarque consignées au cours de l'expérience :

Remarquons tout d'abord que les quantités d'aliments qui suivent sont rapportées à la consommation journalière et à 1,000 kilogrammes de poids vif. Pour un animal de 500 kilogrammes, il faudrait les réduire de moitié.

Le tourteau de coprah très volumineux n'a pas été absorbé complètement. Les bêtes auraient dû en consommer 8 kilogr. 500, et 4 kilogr. 500 seulement ont pu être absorbés.

Les 19 kilogr. 100 de seigle concassé donnés d'abord ont été consommés le premier et le second jour. Le troisième jour, les animaux sont indisposés et quand à partir du cinquième jour ils s'attaquent de nouveau au seigle, ils n'en consomment pas plus de 12 kilogrammes.

Mêmes phénomènes pour le son de seigle : au lieu de 12 kilogr. 000, les bêtes n'en acceptent que 8 kilogr. 730.

Aucun des aliments ne paraît avoir exercé d'action sensible sur la saveur du lait. Une exception notée pour le tourteau de palme semble accidentelle.

À chaque changement d'aliment concentré, on constate un trouble dans la sécrétion lactée. Ce trouble diminue beaucoup après cinq jours, si bien que seules les observations des cinq derniers jours de chaque période sont utilisées pour les conclusions à tirer des expériences. Ces conclusions, l'auteur les résume à peu près ainsi :

Dans les conditions des essais, l'expérience a montré que chaque aliment concentré peut exercer une action spéciale sur la production du lait, mais que cette action dépend beaucoup des dispositions individuelles des animaux. Il arrive souvent qu'un seul et même aliment produit chez un individu donné un effet qui est tout l'opposé de celui observé chez un autre individu. Les aliments examinés peuvent se ranger en trois séries suivant la façon dont ils se sont comportés. La première série comprend ceux qui se sont montrés nettement favorables à la production lactée. Ce sont l'orge, les germes de malt, le tourteau de lin, le maïs en grains, le son, le blé, l'avoine. La deuxième série a eu une action défavorable : elle comprend les tourteaux de coprah, d'œillette, de tournesol, d'arachides, de coton, le son de seigle. Enfin, les aliments de la troisième série restaient indifférents : le tourteau de cameline, le blé, le seigle, le tourteau de palme, les drèches de brasserie desséchées.

Il est curieux de constater que les tourteaux oléagineux soient classés aussi défavorablement. On n'oubliera pas que les rations qui les contenaient étaient bien moins riches que les autres en matière organique digestible totale. N'y a-t-il pas là une indication qui montre que les conclusions précédentes ne peuvent être acceptées que pour les conditions toutes particulières dans lesquelles les expériences ont été exécutées.

Par une méthode un peu différente de celle appliquée par Ramm et en exerçant un contrôle chimique plus étendu, le professeur Hagemann[1] a étudié à peu près les mêmes aliments. Il a constaté que le maïs concassé agit d'une façon favorable sur les vaches laitières tant en ce qui concerne la production du lait que l'augmentation du poids vif. Viennent ensuite le son de blé, le tourteau de coton et le tourteau d'arachides. Le tourteau d'œillette semble réduire la teneur du lait en matière butyreuse. Ce sont des résultats qui, en partie au moins, s'accordent assez peu avec ceux de Ramm. Les remarques que nous avons faites il n'y a qu'un instant sur les conditions particulières des expériences de Ramm nous dispensent d'insister davantage sur ce point.

L'année dernière, au moment du Congrès, M. Sanson avait déjà eu l'occasion de dire quelques mots de recherches exécutées par M. Gay à l'École de Grignon et concernant l'influence comparée des pulpes de diffusion ensilées et des betteraves fourragères sur la teneur du lait en matières grasses et sur la saveur du lait. Ce dernier point présente un intérêt spécial, car on attribue souvent à la pulpe une influence nécessairement pernicieuse sur le goût du lait. Depuis lors les recherches de M. Gay ont été publiées[2]. Faisons remarquer immédiatement qu'elles n'ont pas porté seulement sur les vaches laitières, mais également sur des moutons. Les résultats obtenus avec ces derniers animaux ont amené l'auteur à conclure que la pulpe ensilée, à poids égal de matière sèche, est plus nutritive que les betteraves fourragères, cette supériorité ayant été constatée par une augmentation plus grande du poids

[1] *Landw Jahrbüchr.*, 1897.
[2] *Annales agronomiques*, 1897.

des moutons en expérience. Pour ce qui concerne la vache laitière mise en expérience, l'auteur a reconnu que la bête nourrie à la pulpe fournissait un lait de saveur normale. A première vue, on aurait pu croire que l'alimentation à la pulpe de diffusion avait provoqué une diminution dans la teneur du lait en matière grasse; mais on s'est assuré que la pulpe n'avait joué aucun rôle dans ce phénomène attribuable par conséquent à des causes étrangères.

Tout récemment, Kellner et Andrae[1] ont publié le résultat d'expériences visant des questions très analogues. Ils ont étudié, en effet, chez les vaches laitières la valeur nutritive comparée des betteraves fourragères, des cossettes ou pulpes de diffusion ensilées et des cossettes desséchées. Les essais ont porté sur vingt-quatre vaches et pendant toute la durée les bêtes ont reçu la même ration fondamentale composée de regain, de paille d'avoine, de son de froment, de tourteau de coton et de tourteau d'arachide. Seulement pendant les quatre périodes de vingt jours chacune qui se sont succédé, on a donné en outre aux vaches des betteraves fourragères pendant les périodes 1 et 4, c'est-à-dire pendant les périodes initiale et finale; pendant la deuxième période, elles ont, au contraire, reçu à la place de ces betteraves des cossettes desséchées et pendant la troisième période des cossettes ensilées. Les analyses exécutées ont permis de se rendre compte que pendant les quatre périodes les quantités de divers principes nutritifs digestibles (matières azotées, matières grasses, hydrates de carbone), ainsi que les relations nutritives, étaient à très peu près égales, autrement dit que les diverses rations étaient à un très haut degré comparables en ce qui concerne la composition chimique des principes nutritifs absorbés. La seule différence sensible s'est traduite par ce fait que la protéine digestible des betteraves fourragères renfermait une proportion de matières azotées non albuminoïdes, soi-disant corps amidés, bien supérieure à la protéine digestible des cossettes ensilées ou desséchées.

DÉSIGNATION.	ALIMENT EN EXPÉRIENCE.	QUANTITÉ DE LAIT par jour et par vache.	TENEUR DU LAIT en matière grasse p. 100.
		kilogrammes.	
Période 1...........................	Betteraves fourragères........	13.755	3.51
— 2...........................	Cossettes desséchées........	14.101	3.60
— 3...........................	Cossettes ensilées........	14.348	3.45
— 4...........................	Betteraves fourragères........	12.107	3.45

[1] L. Versuchsstationen, t. XLIX, 1898.

Les résultats observés sont résumés dans le tableau annexé au rapport. Ils montrent d'abord que la teneur du lait en matière grasse n'est pas sensiblement modifiée par les divers aliments essayés, mais que par contre les cossettes desséchées et surtout ensilées sont notablement supérieures aux betteraves fourragères en ce qui concerne la production du lait. Comme, d'autre part, le poids vif des animaux est influencé plus favorablement par les cossettes que par les betteraves, il n'y a pas de doute que celles-ci aient une valeur nutritive inférieure. C'est, on le voit, un résultat analogue à celui constaté par M. Gay sur les moutons. Les auteurs renoncent à expliquer les causes de cette infériorité de la betterave. Il est vrai, comme on l'a vu, que les cossettes renferment moins de corps non albuminoïdes dans leur protéine, et l'on sait que la valeur nutritive de ces corps non albuminoïdes n'est pas complètement connue à l'heure actuelle. Il est certain aussi que les extractifs non azotés digestibles des betteraves et des cossettes présentent des différences sensibles. Tout cela est sans aucun doute pour quelque chose dans l'inégalité de la valeur nutritive des betteraves et des cossettes.

Malgré tout, on se trouve là en présence de faits bien constatés pour lesquels, dans l'état actuel de nos connaissances, on ne peut pas fournir d'éclaircissements complets.

Si intéressantes que soient les déductions économiques à tirer de ces expériences, les auteurs s'abstiennent cependant de se livrer à des calculs qui leur paraissent superflus. Ils n'ont pas de peine à montrer, par exemple, que pour deux exploitations différemment placées le prix des cossettes ensilées peut varier du simple au double, et que dès lors tout calcul de ce genre est illusoire, s'il n'est pas fait par l'agriculteur intéressé, en tenant compte et de sa situation spéciale et des données fournies par les expériences examinées en ce moment.

Les essais sur les vaches laitières examinés jusqu'à présent ne concernent que le rendement en lait ou sa teneur en matière grasse; en voici maintenant quelques-uns qui, tout en ne négligeant pas les mêmes questions, tiennent également compte de l'influence des aliments, non pas seulement sur la qualité, sur la saveur du lait frais, mais encore sur la qualité des produits de transformation du lait et spécialement du beurre. Et à ce sujet il est intéressant de constater qu'on sent de plus en plus la nécessité de se préoccuper de cette influence quelquefois lointaine des aliments sur les produits de laiterie; et de l'étudier expérimentalement afin de s'en rendre maître. Les essais exécutés dans cette voie ne sont pas bien nombreux encore, mais il n'est pas douteux qu'ils se multiplient à l'avenir. C'est un champ presque inexploré et dont personne ne saurait nier la haute importance.

Ainsi dans les essais qu'il poursuit en Écosse depuis plusieurs années, Speir[1] cherche à apporter une contribution à ce genre d'études et vient de publier un mémoire sur ses derniers travaux. Il a étudié sur huit vaches l'influence d'un grand nombre d'aliments sur la sécrétion lactée et aussi sur la plus ou moins grande aptitude du lait produit à être transformé en beurre de bonne qualité. En fait d'aliments, il a examiné le pâturage, les vesces en vert, les drêches desséchées de brasserie, les drêches fraîches, le mélange de maïs et d'orge, les féveroles, l'avoine, le tourteau de lin, le tourteau de coton décortiqué, un mélange de drêches, de son avec mélasse et de pommes de terre, de farines sucrées, etc.

Les essais duraient environ cinq semaines généralement.

On peut résumer comme il suit le résultat de ses observations. La matière sèche totale contenue dans la ration paraît avoir au point de vue de la production du lait plus d'importance que la ration nutritive, à la condition cependant que pour cette dernière on évite les extrêmes.

Tous les aliments au début exercent un effet plus ou moins marqué sur la teneur du lait en matières grasses. Ils l'augmentent ou la diminuent. Mais, et cela vient confirmer une remarque que nous faisions plus haut, l'effet produit est seulement passager, et, en général, au bout de cinq semaines le lait reprend sa composition normale. Seules les drêches de brasserie fraîches données en grande quantité ont fait exception à cette règle générale, le lait accusant après cinq semaines d'expériences une teneur en matière grasse encore inférieure à la normale.

Le lait produit par les vaches ayant été transformé en beurre, les observations recueillies à ce sujet permettent de reconnaître que la matière grasse du lait est fortement influencée par l'alimentation. C'est ainsi que cette dernière modifie les conditions du barattage, si bien que tout aliment ou tout mélange d'aliments paraît produire un lait dont la crème doit être barattée à une température particulière si l'on veut obtenir les meilleurs résultats.

Les beurres mous contiennent ordinairement une plus forte proportion d'eau que celle indiquée par la moyenne, et si le défaut de consistance est causé par la nourriture employée, l'excès d'eau ne peut être enlevé par les procédés ordinaires de manipulation du beurre. Or la nourriture exerce une

---

[1] *Transactions of the Highlandand agricultural Society of Scotland*, 1897.

action très marquée sur le point de fusion du beurre. C'est là un fait dont on peut d'ailleurs tirer avantage dans les saisons froides ou chaudes pour modifier avec profit la consistance du beurre. Ainsi le tourteau de coton donné en été élève le point de fusion de la matière grasse du lait et permet d'obtenir un beurre plus ferme.

La couleur du beurre semble dériver principalement de la nourriture verte et très peu des aliments concentrés. Enfin presque chaque aliment imprime au beurre une saveur spéciale; mais le plus souvent l'action des aliments est si faible qu'elle est presque négligeable. Il y a des exceptions néanmoins. Certains aliments sont nettement nuisibles, et Speir conseille de se méfier du tourteau de lin, des drèches de brasserie fraîches et des farines sucrées, pendant qu'il recommande comme donnant un beurre de bon goût, par exemple l'avoine, le tourteau de coton décortiqué, les féveroles et les pois.

En Danemark, Frijs et ses nombreux collaborateurs continuent d'étudier, d'après la méthode comparative appliquée par Fjord sur une si grande échelle, l'alimentation des vaches laitières. L'année dernière, dans le rapport que j'ai présenté au Congrès, j'ai décrit cette méthode de Fjord, qui est un véritable modèle, mais qui exige pour son application de gros sacrifices pécuniaires. Je n'y reviens donc que pour en signaler une fois de plus la grande valeur et pour rappeler que les expériences dont il va être question maintenant ont été instituées d'après les mêmes principes; c'est dire que ces dernières méritent une attention toute spéciale.

Un des mémoires publiés récemment par Frijs[1] vise l'influence de certains aliments sur la qualité du beurre.

Le lait des vaches en expérience était traité à part pour chaque aliment consommé. On soumettait ensuite les beurres fabriqués à l'appréciation d'experts très compétents qui en déterminaient la qualité en les notant par des chiffres suivant une échelle arrêtée à l'avance, et cela au point de vue de leur qualité et aussi de leur faculté de conservation. Il s'agissait en effet de juger les beurres produits en les considérant comme une marchandise d'exportation.

On examina d'abord deux tourteaux oléagineux très employés en Danemark pour la nourriture des vaches laitières pendant la saison d'hiver, les tourteaux de colza et de tournesol. Des expériences antérieures avaient montré que ces tourteaux donnés à la place d'une égale quantité de graines de céréales (mélange d'avoine et d'orge à poids à peu près égal) augmentent

[1] *37° Beretning fra den Kgl. Laboratorium for landoekonomische Forsog,* 1897.

le rendement en lait et aussi en beurre, bien que la teneur du lait en matière grasse ne soit d'ailleurs pas influencée par la substitution des tourteaux aux graines de céréales. Faisons remarquer en passant que les essais danois ont toujours conduit à ce dernier résultat, et que pendant la longue durée de ces essais, qui ont porté sur des milliers vaches et sur de nombreux aliments, on n'a jamais pu constater dans la teneur du lait en matière grasse une modification durable qui fût produite par ce genre d'alimentation. En ce qui concerne l'influence des tourteaux de colza et de tournesol sur la qualité du beurre, on pensait généralement que le tourteau de colza améliorait cette qualité pendant que le tourteau de tournesol lui portait préjudice. Ce tourteau de tournesol étant de plus en plus employé en Danemark, Frijs institua des expériences comparées avec ces deux tourteaux et avec un mélange d'avoine et d'orge. Le beurre ayant été apprécié dans les conditions indiquées plus haut, on a reconnu qu'aussi bien le tourteau de tournesol que le tourteau de colza donnent un beurre supérieur à celui des graines de céréales.

Au point de vue de la saveur, aucune action spéciale n'a été observée et les beurres des trois provenances se sont également bien conservés. L'amélioration a surtout porté sur la consistance du beurre qui, trop dur sous l'effet de l'alimentation aux grains, a été rendu moins ferme par les tourteaux. Mais il faut bien remarquer qu'il s'agit là de beurres fabriqués en hiver. Si l'on emploie ces mêmes tourteaux au printemps, au moment où la chaleur commence à se faire sentir, on obtient un beurre trop mou.

Le fait à retenir, analogue à ce que nous avons déjà constaté dans les expériences de Speir, c'est que l'usage des tourteaux indiqués abaisse le point de fusion du beurre, pendant que les grains, avoine et orge, le relèvent. Il faut suivant les circonstances tirer judicieusement parti de cette donnée. A noter encore que pour obtenir les meilleurs résultats il était nécessaire de commencer le barattage du lait de tourteaux à une température inférieure à celle employée pour le lait de grains.

De la même façon on a étudié l'influence comparée des betteraves et des turneps sur la qualité du beurre. Le turneps est réputé pour être nuisible à l'odeur et à la saveur de ce produit. Et de fait on a trouvé que le beurre de betteraves était supérieur au beurre de turneps. Mais voici qui est intéressant : si l'on chauffe à une température convenable, si on pasteurise la crème qui est destinée à fournir le beurre, l'influence nuisible des turneps sur l'odeur et le goût du beurre est complètement annulée.

Il ne semble pas impossible que la pasteurisation de la crème exerce cet effet favorable vis-à-vis de laits provenant d'aliments autres que les turneps et également réputés pour donner un beurre de saveur désagréable. Il sera donc utile, le cas échéant, de se souvenir des résultats obtenus en Danemark.

Si l'on abandonne maintenant les vaches laitières pour passer à l'alimentation des porcs on ne trouve que peu de travaux à signaler.

Klein[1] a institué à Proskau des expériences destinées à préciser la valeur comparative des résidus de laiterie et de quelques autres aliments pour l'alimentation des porcs. Ce sont des essais très laborieusement conduits, mais qui, étant donné le très petit nombre des animaux utilisés, ont donné des résultats très indécis. Les lots en expérience ne comprenaient que deux animaux. De l'avis même de l'auteur, les conditions de l'expérience n'ont pas permis d'éviter l'influence troublante de l'individualité. L'auteur croit néanmoins avoir établi que les rations renfermant du petit lait de fromage, bien que présentant une relation nutritive large, n'ont pas eu un effet alimentaire moindre que les rations au lait écrémé, avec une relation nutritive plus étroite.

C'est là une donnée qui aurait pour la pratique une certaine importance, le petit lait de fromage ayant une valeur économique sensiblement inférieure à celle du lait écrémé.

En Danemark on s'est préoccupé de l'influence du maïs sur la qualité de la viande et spécialement du lard. On conçoit que dans ce petit pays qui produit tant de beurre la quantité de lait écrémé disponible pour l'alimentation des porcs soit considérable. Le maïs provenant d'Amérique est un des aliments qu'on adjoint à ce lait écrémé. Or les Danois envoient une certaine quantité de porcs sur le marché anglais. Sur ce marché anglais la viande de porc provenant d'animaux nourris avec du maïs est cotée à un prix inférieur; c'est ainsi que les porcs américains, nourris avec cet aliment, sont regardés comme de qualité secondaire. Le lard manquerait de fermeté. Frijs[2] a mis le sujet à l'étude et reconnu que si l'on veut éviter l'influence nuisible du maïs, il convient de bannir cet aliment dès que les porcs atteignent le poids de 6o kilogrammes et de parfaire l'engraissement avec d'autres denrées alimentaires. Comme en Danemark on admet que la cuisson du maïs empêche en partie les effets nuisibles de cet aliment sur la qualité de la viande de porc, Frijs se propose de soumettre au contrôle de l'expérience le bien-fondé de cette assertion.

[1] *Milchzeitung*, 1897.
[2] *Milchzeitung*, 1897, n° 35.

Si l'on s'en rapporte aux essais de Frederiksen et Faye [1] également exécutés en Danemark, l'emploi de la mélasse mélangée au tourteau de palme dans l'alimentation du porc ferait disparaître d'une façon complète l'influence nuisible du maïs.

On peut jusqu'à un certain point être étonné que l'on attribue au maïs une action préjudiciable à la qualité de la viande de porc. Dans le midi de la France, en effet, le maïs est employé pour la nourriture des porcs sans qu'il paraisse en résulter aucun inconvénient. Cependant ce n'est pas en Danemark seulement qu'on a fait des observations défavorables au maïs. En Allemagne on estime également que le maïs donne un lard de qualité inférieure, trop mou. Et Lehmann [2], se fondant sur les résultats de ses propres essais, attribuait dernièrement encore cet effet regrettable à la graisse très fluide que contient le maïs. D'ailleurs, dans certaines régions de notre pays, on paraît avoir fait des observations analogues. Ainsi le professeur d'agriculture du département de la Manche m'écrivait ces jours-ci que les agriculteurs, soucieux d'obtenir de la viande de première qualité, faisaient peu usage de farine de maïs. Comme tant de fois, quand il s'agit d'alimentation, on se trouve là sans doute en face de phénomènes très complexes qu'il conviendrait de soumettre à une étude méthodique.

Pour terminer, nous dirons un mot des expériences relatives à l'emploi des mélasses de sucrerie dans l'alimentation du bétail. On s'est ingénié, au moment où les mélasses ont perdu de leur valeur, à en trouver un emploi fructueux dans l'alimentation du bétail.

Bien des tentatives ont été faites à cet égard; M. Desprez [3] a essayé l'ensilage des pulpes de diffusion additionnées de mélasse. En Allemagne, on a mélangé la mélasse pour la rendre plus maniable à diverses substances alimentaires, par exemple au tourteau de palme, aux pulpes de sucrerie desséchées, aux pulpes de pommes de terre; on s'est même servi de la tourbe pour l'absorber et on a lancé une farine de tourbe et de mélasse. En Danemark, on a tenté de mélanger la mélasse au sang; la mélasse rendrait incorruptible le sang qui autrement s'altère avec tant de facilité.

On a fait sans doute un assez grand nombre d'essais qui montrent ou plutôt confirment ce fait connu depuis longtemps, que la mélasse est un aliment susceptible d'être employé avec avantage pour la nourriture des animaux do-

---

[1] *Milchzeitung*, n° 24.
[2] *Deutsche landw. Presse* 1897, n° 31.
[3] *Journal de l'agriculture*, 1897, t. Ier.

mestiques. Malgré cela je trouve peu d'expériences publiées avec des détails assez circonstanciés pour qu'elles se prêtent à une analyse.

Le professeur Ramm[1] a comparé l'action qu'exerce sur la secrétion lactée, d'une part les mélasses ajoutées à diverses substances, d'autre part les farines d'orge. Il a essayé aussi le mélange de tourbe et de mélasse (80 kilogrammes de mélasse pour 20 kilogrammes de tourbe), le mélange de tourteau de palme et de mélasse (une partie de tourteau de palme pour une partie de mélasse); le mélange desséché de mélasse et de pulpes de diffusion, le mélange desséché de mélasse et de pulpes de pomme de terre de distillerie. Les observations recueillies peuvent se résumer ainsi : les 12 vaches en expérience ont consommé par 1,000 kilogrammes de poids vif et par jour 8 kilogrammes de mélasse pure ou des divers mélanges de mélasse avec une autre substance. Ces aliments à la mélasse ont été en général bien acceptés. Seule, la pulpe de pomme de terre mélangée de mélasse n'a pu être consommée complètement; les animaux n'en ont absorbé que 3 kilogr. 81 au lieu de 8 kilogrammes pour 1,000 kilogrammes de poids vif. Cependant une des douze vaches n'a accepté volontiers que la mélasse pure pendant qu'elle repoussait les mélanges. Dans les expériences où l'on a pu comparer l'action de 8 kilogrammes de farine d'orge à celle de 8 kilogrammes de mélasse pure ou de 8 kilogrammes des divers mélanges à la mélasse, on a constaté que tous les aliments à la mélasse avaient une valeur nutritive inférieure à celle d'un poids égal de farine d'orge. Ramm évalue à environ 15 p. 100 la diminution moyenne qui s'est produite dans la production du lait sous l'effet de l'alimentation à la mélasse dans les conditions indiquées.

Il n'en conclut pas moins en se basant sur les prix des divers aliments comparés, que l'emploi de la mélasse présente des avantages économiques, et que ces avantages atteignent leur maximum quand la mélasse est utilisée à l'état pur. De tous les aliments à la mélasse, c'est le mélange desséché à la pulpe de betterave qui s'est montré le plus nutritif.

Ramm a de plus recherché si l'emploi de la mélasse pouvait nuire à la reproduction. Deux vaches ont reçu pendant les derniers mois de la gestation et pendant les premiers mois qui ont suivi la parturition 8 kilogrammes de mélasse liquide par jour et par 1,000 kilogrammes de poids vif. Il n'en est résulté aucun effet nuisible pour la mère et pour les jeunes.

Hagemann[2] a également consacré quelques études à la même question.

[1] *Landw. Jarhrbücher,* 1897.
[2] *Lander. Jarhrbücher,* 1897.

D'après ses essais, il semble que le mélange de mélasse et de tourteau de palme exerce une action excitante sur la glande mammaire, si bien que pendant un certain temps au moins le lait devient plus riche en matière grasse. Par contre le poids vif diminue. Hagemann fait remarquer que, chez les vaches consommant de la mélasse, la quantité d'urine excrétée par jour passe de 14 litres à 21 litres. Il émet la crainte que cette suractivité de la fonction urinaire résultant de l'ingestion de la mélasse ne provoque à la longue des troubles du côté du cœur ou des reins.

Telles sont, Messieurs, les expériences dont j'avais à rendre compte. Je n'ai pas mentionné avec intention certaines recherches intéressantes exécutées dans notre pays. C'est que les auteurs ont bien voulu venir en exposer ici même les résultats.

M. le Président. La parole est à M. Girard, professeur à l'Institut agronomique. M. Girard veut bien faire une communication sur les recherches qu'il a exécutées en collaboration avec M. Müntz, membre de l'Institut, professeur à l'Institut agronomique, et relatives à la valeur alimentaire de la luzerne.

M. Girard. Ce n'est pas une question indifférente pour la pratique que de connaître exactement la valeur relative du foin et de la luzerne, puisque ces deux fourrages constituent la base de la plupart des rations. Or, si l'on interroge les praticiens sur ce point, on se trouve en présence d'avis très partagés, les uns préfèrent la luzerne, d'autres le foin; si l'on interroge les chimistes, ceux-ci se basant uniquement sur l'analyse, sont portés à attribuer une supériorité à la luzerne.

En fait, le foin de luzerne et le foin de prairies naturelles sont cotés sur le marché à un prix sensiblement égal. Mais, d'une façon générale, on peut dire que le foin est plus facile à vendre dans les villes que la luzerne, pour l'alimentation du cheval en particulier; les grandes compagnies de transport et les officiers de l'armée accordent incontestablement la préférence au foin de prairies.

Il nous a semblé que dans cet état d'incertitude, il y avait intérêt à entreprendre sur ce sujet une série d'expériences précises; c'est le résultat de ces expériences que, sur la demande de notre président, je vais donner aussi brièvement que possible, sans m'attarder aux considérations d'ordre abstrait.

Examinons d'abord la composition chimique du foin et de la luzerne :

I. Composition chimique.

Composition de la luzerne. — Pour avoir une idée exacte de la composition d'une denrée, il faut porter son examen sur un grand nombre d'échantillons; à considérer seulement un nombre restreint de types, on risque de se former une opinion très erronée.

Nous avons eu précisément l'occasion d'analyser, pendant plusieurs années, environ 70 types de luzernes livrées par le commerce.

Nous avons constaté des variations suivantes :

	MINIMA.	MAXIMA.	MOYENNES.
Eau	10.60	20.40	14.92
Cendres	3.80	8.00	5.86
Matières grasses	0.50	2.00	1.07
Matières azotées	7.06	17.00	10.90
Extractifs non azotés	34.00	51.00	37.71
Cellulose brute	18.00	37.00	27.54

Il y a donc des qualités très diverses, et ces divergences de composition peuvent, dans une certaine mesure, expliquer les divergences d'opinions sur la valeur de la luzerne.

Ces variations tiennent à plusieurs causes, sols, fumiers, époques de récolte, etc., mais surtout à deux sur lesquelles nous voulons insister :

1° A l'invasion des plantes étrangères. A mesure que la luzerne vieillit, elle est envahie principalement par des graminées et souvent par des graminées de qualité très inférieure : orges, bromes, houlques, etc.; nous avons souvent trouvé dans des luzernes de commerce jusqu'à 40 p. 100 de ces plantes étrangères qui viennent abaisser la richesse;

2° Mais ce qui plus encore peut-être influe sur la richesse, c'est le départ des feuilles. Si en effet on examine séparément les tiges et les feuilles, on constate les différences suivantes :

	TIGES.	FEUILLES.
Cendres	4.00	10.00
Matières azotées totales	9.00	23.00
Matières grasses	1.00	2,00
Matières ternaires extractives	39.00	40.00
Cellulose	34.00	10.00

Les feuilles se présentent donc avec une richesse extrêmement grande en matières azotées (plus de 20 p. 100), voisine de celle des graines de légumineuses, de la féverole, par exemple; elles contiennent un tiers en moins de cellulose ou ligneux que les tiges. Une perte, même minime, des feuilles abaissera donc considérablement la richesse de la luzerne.

Pour apprécier rapidement la valeur d'une luzerne, il suffit d'établir la proportion de graminées et de luzerne pure, puis dans cette luzerne la proportion relative des tiges et des feuilles. Ce sont là deux dosages très simples, qui n'exigent pas le concours du chimiste et qui donnent des résultats excellents. Une bonne luzerne ne doit pas contenir plus de 5 p. 100 de graminées; la relation entre les feuilles et les tiges doit osciller autour de 50 p. 100.

C'est un procédé analogue que nous avons indiqué pour l'appréciation des avoines, en établissant la proportion dans le grain des balles et des amandes.

Composition du foin. — Voyons d'autre part la composition du foin. Nous avons, à ce point de vue, examiné 125 échantillons de provenances très diverses, et nous avons obtenu les résultats suivants :

	MOYENNES.	MAXIMA.	MINIMA.
Eau	14.06	20.46	9.20
Matières minérales	6.25	8.25	4.90
Matières grasses	1.44	2.29	0.85
Matières azotées	6.95	9.89	5.03
Extractifs non azotés	47.37	52.50	38.33
Cellulose brute	23.93	30.35	18.90

On observe pour le foin, comme pour la luzerne, des écarts de composition, mais ils sont moindres cependant pour le foin, parce que dans le foin nous n'avons qu'à un faible degré la perte des parties fines qui influe si considérablement sur la richesse des luzernes. Plus un foin est riche en légumineuses, plus le taux de matières azotées augmente; l'acheteur doit donc attacher la plus grande importance à la composition botanique de l'herbe.

Mettons en regard les chiffres représentant la moyenne des compositions des foins et des luzernes :

	FOIN DE LUZERNE.	FOIN DE PRAIRIES.
Eau	14.92	14.06
Cendres	5.86	6.25
Matières grasses	1.07	1.44
Matières azotées	10.90	6.95
Extractifs non azotés	39.71	47.37
Cellulose brute	27.54	23.93

Nous voyons que les foins de luzerne ont sur les foins de prairies naturelles une supériorité très marquée, en ce qui concerne la teneur en matières azotées, l'élément qui est le plus à prendre en considération. En ne considérant que ces matières azotées, le foin de luzerne peut se comparer à de l'avoine qui n'en contient pas un taux plus élevé; mais il diffère de l'avoine et des graines en général, par l'absence presque complète de matières amylacées et de matières grasses qui jouent un rôle si important dans la nutrition.

Par contre, le foin est moins ligneux que la luzerne, les tiges fines de graminées étant moins riches en cellulose que les tiges grossières de la légumineuse; la différence est encore plus sensible en ce qui concerne les matières ternaires plus abondantes dans le foin.

Si on l'attribue aux matières extractives le prix de o fr. o6 le kilogramme et aux matières azotées celui de o fr. 3o le kilogramme, on arrive à une évaluation comparative de la valeur des fourrages.

1oo kilogrammes de luzerne vaudraient.................. 5ᶠ 65
1oo kilogrammes de foin vaudraient.................... 4 95

A ne considérer que la composition chimique, la luzerne aurait donc une valeur un peu supérieure à celle du foin de prairies naturelles.

II. DIGESTIBILITÉ.

Mais il ne faut pas se baser uniquement sur l'analyse chimique pour établir la valeur relative des fourrages; il ne suffit pas en effet qu'un aliment soit riche en tel ou tel principe, il faut encore que le principe soit présenté sous une forme assimilable. La digestibilité des fourrages, c'est-à-dire leur aptitude à jouer un rôle dans la nutrition animale, est un facteur de premier ordre dans des comparaisons de cette nature.

De même que l'analyse des matières fertilisantes a besoin d'être corroborée par l'expérience sur le végétal, de même aussi, l'analyse des substances fourragères a besoin d'être complétée par des expériences directes sur l'animal, où l'on établit quelle est la proportion dans laquelle les divers éléments dosés sont utilisés par l'organisme animal, c'est-à-dire ce qu'on est convenu d'appeler le coefficient de digestibilité.

Ces méthodes de recherches sont loin de donner des résultats absolus; nous savons, aussi bien que personne, les critiques qu'on peut formuler au point de vue de la science pure; mais au point de vue des applications agricoles, elles fournissent des indications très utiles par les comparaisons entre les différents fourrages.

D'une façon générale, on peut dire que c'est plutôt la vérité relative que la vérité absolue qu'on doit espérer d'atteindre dans les sciences appliquées.

Nous avons donc étudié, au point de vue de la digestibilité, la luzerne et le foin, en prenant comme animal d'expérience le cheval, principal consommateur de ces denrées.

Digestibilité de la luzerne. — Je vous épargnerai la longue et fastidieuse nomenclature des chiffres obtenus; là, comme pour la composition, nos observations ont dû être nombreuses pour nous mettre à l'abri des phénomènes d'individualité; c'est la moyenne d'une série d'observations, ayant duré plusieurs années et ayant porté sur plusieurs animaux, que nous vous donnerons.

Nous avons successivement passé en revue, au point de vue de la digestibilité, la luzerne pure, récoltée avec le plus grand soin, la luzerne mélangée de graminées et fanée sans soins spéciaux, la luzerne verte et la luzerne sèche, les parties constituantes de la luzerne, les feuilles et les tiges.

Je résumerai brièvement les observations principales :

1° La luzerne pure, récoltée en évitant la perte des feuilles, présente ses principes alimentaires sous une forme sensiblement plus utilisable que la luzerne courante du commerce, où les graminées souvent inférieures abondent;

2° Les parties fines de la luzerne, celles qui se perdent en si grande abondance lorsqu'on opère sans soin, sont non seulement beaucoup plus riches en matières nutritives que les parties très grossières; mais encore ces matières nutritives ont à un plus haut degré l'aptitude à être assimilées par les animaux.

Donc, tant au point de vue de la richesse que de la digestibilité du fourrage, on ne saurait attacher trop d'importance à la pureté de la luzerne et à la conservation des feuilles et pétioles;

3° La luzerne verte n'est pas sensiblement plus digestible que la luzerne sèche; la matière azotée est également digérée dans les deux cas; les matières ternaires sont mieux digérées dans le fourrage vert; la cellulose l'est moins bien. Mais en établissant une balance, on peut dire d'une façon générale que le fanage bien conduit ne modifie pas sensiblement la valeur alimentaire de la luzerne. C'est à une conclusion de même nature que Henneberg est arrivé en opérant sur le mouton avec la luzerne.

Les praticiens sont au contraire portés à penser que la dessiccation diminue la valeur alimentaire et ils considèrent comme plus avantageux de faire consommer les fourrages verts; mais leurs observations pèchent toujours par ce fait qu'elles portent sur des produits non comparables, le fourrage vert n'étant pas de même origine que le fourrage sec.

Confondant en une moyenne les résultats de nos expériences de digestibilité sur la luzerne qui, du reste, présentaient une concordance remarquable, nous arrivons aux chiffres suivants :

Matières azotées totales................................... 72 p. 100.
Matières ternaires extractives............................. 66
Cellulose.. 40

Digestibilité du foin. — Le travail que nous avons fait sur la luzerne nous l'avions fait également sur des foins de différentes provenances et les expériences de digestibilité nous ont donné les résultats moyens suivants :

Matières azotées totales................................... 69 p. 100.
Matières ternaires extractives............................. 72.5
Cellulose.. 70

Le rapprochement de ces chiffres nous conduit à ces conclusions :

1° La matière azotée est un peu plus digestible dans la luzerne que dans le foin;

2° L'ensemble des matières ternaires se présente au contraire avec une digestibilité sensiblement plus grande dans le foin que dans la luzerne. La cellulose du foin, très élevée dans nos expériences, est beaucoup plus assimilable que celle de la luzerne.

Comparaison définitive. — Nous étions désormais en possession de tous les éléments de comparaison entre les deux fourrages; puisque nous avions, d'une part des données sur la richesse moyenne en principes alimentaires et d'autre part sur leur degré d'utilisation par l'organisme animal.

Toutes nos expériences peuvent se condenser pour ainsi dire en quelques chiffres :

| | MATIÈRES AZOTÉES | | MATIÈRES TERNAIRES |
	TOTALES.	DIGESTIBLES.	DIGESTIBLES.
100 kilogrammes de luzerne contiennent.	10^k 900	7^k 850	37^k 060
100 kilogrammes de foin contiennent....	6 950	4 810	51 189
DIFFÉRENCE en faveur... { de la luzerne ..	3^k 950	3^k 040	,,
{ du foin.......	,,	,,	14^k 120

En moyenne la consommation de 100 kilogrammes de luzerne fournit au bétail 3 kilogrammes de matières azotées en plus et 14 kilogrammes de matières ternaires en moins; l'équilibre de valeur s'établit sensiblement.

Le foin se présente comme un aliment plus riche en principes respiratoires; la luzerne comme un aliment plus riche en principes plastiques; le premier fourrage conviendrait peut être mieux à la production de la force et le second à l'engraissement.

Mais en somme la pratique a bien jugé en attribuant à peu près le même prix à ces deux denrées.

La culture de la prairie artificielle qui emprunte son azote à l'atmosphère, qui laisse le sol enrichi, qui en général donne à surface égale un rendement plus élevé, n'en reste pas moins une culture éminemment avantageuse et recommandable pour l'amélioration du domaine.

M. Girard, après avoir ainsi exposé les recherches qu'il a faites avec M. Müntz sur la luzerne et le foin, ajoute quelques réflexions d'ordre général sur l'analyse des fourrages.

Il reste de ce côté de très grands progrès à réaliser. Le plus souvent on ne fait figurer dans le tableau représentant la composition des substances fourragères que :

L'eau, les cendres, les matières grasses, la cellulose brute, les matières azotées totales, enfin les extractifs non azotés dosés par différence. On arrive toujours à ce résultat idéal d'une analyse qui donne le chiffre 100.

Cette manière de faire a été introduite dans la science par les auteurs allemands; les tables de composition et de digestibilité se composent de ces 6 éléments. M. Müntz en a depuis longtemps fait la critique. Par extractifs non azotés, on entend en somme tous les hydrates de carbone, amidon, dextrine, gommes, acides organiques, etc.

Tous ces produits qui se comportent si diversement dans l'organisme animal sont confondus sous la même étiquette qui les range dans un même sac et leur donne la même place dans les analyses.

Il ne faut plus se contenter de déterminations aussi sommaires; les sucres et l'amidon doivent être dosés séparément; puis il faut tenir compte des acquisitions nouvelles de la science, distinguer par exemple les corps pectiques et les gommes récemment découvertes telles que les pentosanes, puis cette forme particulière de la cellulose appelée vasculose; il faut enfin distinguer entre les matières azotées, les albuminoïdes et les non albuminoïdes.

En un mot, tous les efforts de la science doivent tendre à restreindre de plus en plus le taux des substances indéterminées et doivent porter sur la connaissance plus approfondie des principes constituants des fourrages, pour pouvoir apprécier la part exacte qui revient à chacun d'eux dans la nutrition animale.

M. LE PRÉSIDENT. Il semble résulter de votre rapport deux choses extrêmement intéressantes, et qui ne seront pas sans étonner *à priori* les partisans de l'analyse chimique. La première, c'est que la luzerne sèche, avez-vous dit, est presque aussi assimilable que la luzerne verte. La seconde, c'est que le foin est à peu près aussi nutritif que la luzerne.

J'insiste sur ce point parce que dans certains pays, celui que je représente notamment, on a une opinion, je puis dire un préjugé, absolument contraire. On donne à la luzerne une valeur très supérieure à celle du foin, et cette plus-value se répercute dans la différence des prix : tandis que le foin vaut 4 francs les 100 kilogrammes en moyenne la luzerne vaut 5 francs et 5 fr. 50.

Quelqu'un demande-t-il la parole?

M. BRUNET. Je voudrais répondre simplement que cette question de variation de prix est très intéressante suivant les pays. Là où il n'y a, par exemple, que des prairies artificielles, ce sont les foins qui se trouveront avoir le plus de valeur. Là où la luzerne n'existe pas elle est certainement plus chère que le foin, puisqu'il faut payer pour la faire venir.

M. LE PRÉSIDENT. Ce n'est pas tout à fait exact. Ainsi dans le Midi nous avons beaucoup de luzerne et très peu de foin. D'après ce que vous dites le foin devrait être plus cher que la luzerne. Or c'est le contraire qui se produit. Pourquoi? C'est parce que la coutume attache à la luzerne, à tort très probablement, très certainement même d'après la communication de MM. Müntz et Girard, une valeur supérieure à celle du foin.

M. Barrié. Dans notre contrée, c'est exact.

Un membre du Congrès. Dans l'Est, c'est le contraire.

M. le Président. M. Barrié, conseiller général de l'Aude, excellent agriculteur, confirme ce que je disais tout à l'heure; mon collègue du Sénat dit que dans l'Est c'est le contraire.

La parole est à M. Grandeau.

M. Grandeau. Je ne veux ajouter que quelques mots à la communication très intéressante de MM. Müntz et Girard sur les fourrages verts et les fourrages secs. Ce qu'ils disent est particulièrement vrai pour la luzerne. Ils vous montrent que si l'on prend une luzerne sur pied, puis si l'on dose les feuilles, les racines, les tiges, on arrive à obtenir 50 p. 100.

D'autre part, la richesse des folioles est beaucoup plus grande que celle des tiges; or, avec les procédés de fanage en usage actuellement, nous laissons sur le sol la plus grande partie des folioles. (*Très bien. Très bien.*) Or si l'on compare le fourrage donné aux animaux avec le fourrage que nous avons récolté, et où toutes les folioles sont tombées sur le sol, il ne faudra pas être étonné que le fourrage vert soit supérieur au fourrage sec. En réalité ce sont les mauvais procédés de récolte qui en sont cause, et pas du tout la différence de valeur alimentaire.

M. le Président. L'observation de M. Grandeau est très exacte, et je le remercie d'avoir bien voulu la soumettre au Congrès.

M. le Président. Je donne la parole à M. Gouin pour sa communication sur l'alimentation des veaux.

M. Gouin. Comme je ne suis pas un savant je serai excessivement court et ne vous dirai que ce que j'ai fait chez moi.

L'an dernier, M. J. Le Conte a bien voulu se charger, en mon nom, de montrer combien il était avantageux de substituer la fécule de pomme de terre à la matière grasse du lait destiné à la nourriture des veaux. Les conséquences de ce nouveau mode d'alimentation, tant au point de vue du profit immédiat qu'à celui de l'amélioration progressive des races, ont une telle importance qu'on ne saurait trop faire pour chercher à le vulgariser rapidement.

A chaque litre de lait passé au centrifuge, il suffit d'ajouter 5o grammes de fécule, 4o grammes seulement à celui qui a été moins complètement écrémé, et la valeur nutritive du lait est redevenue celle qu'il possédait, avant d'avoir été dépouillé de sa crème.

Qu'on nourrisse un veau pendant huit jours au lait complet, huit autres jours au lait écrémé additionné de fécule, qu'on le pèse au début et à la fin de chaque période, et on verra que, pendant les deux, l'accroissement se sera maintenu exactement le même.

Je ne me suis pas contenté de peser des veaux tous les jours, j'ai pu, grâce à l'obligeance de M. Andouard, le distingué directeur de notre station agronomique, entreprendre des études plus précises.

Pendant une semaine, où la ration quotidienne d'un veau de 9o kilogrammes était de 16 kilogrammes de lait écrémé et de 8oo grammes de fécule, et où la matière sèche ainsi absorbée représentait 2,o1o grammes, la moyenne des déjections solides, ramenée à l'état sec, n'a pas dépassé 3o grammes, et nous considérons qu'elles proviennent à peu près toutes du lait.

La fécule convenablement cuite est intégralement utilisée par les animaux, dès l'âge de huit jours; cela explique les résultats si satisfaisants que chacun de ceux qui l'emploieront ne sauraient manquer d'obtenir.

Est-il nécessaire de faire ressortir à nouveau les avantages que doit procurer l'emploi de la fécule?

13 litres de lait complètement écrémés peuvent fournir une livre de beurre, les 65o grammes de fécule qui viendront remplacer cette crème, à raison de 5o grammes par litre, auront coûté o fr. 27 (la fécule comptée à 4o francs les 1oo kilogrammes, frais de cuisson compris).

Une augmentation considérable dans la proportion du beurre, et cela au prix de revient de o fr. 27 la livre, voilà une source de bénéfice indiscutable!

Il en est une autre qui, pour être moins tangible, est cependant de la plus haute importance. Jusqu'ici ceux seuls qui élevaient des veaux de luxe ont pu se résoudre à les nourrir avec du lait, aussi longtemps et aussi copieusement qu'il est nécessaire pour obtenir des animaux d'élite; tous les autres, et c'est l'immense majorité, mesurent le lait à leurs élèves avec une parcimonie extrême, dans la crainte que le résultat soit inférieur à la dépense. On se résigne à voir pâtir les veaux pendant les premiers mois, avec l'espoir de réparer ensuite, à moindres frais, les conséquences de la diète dans laquelle ils commencent misérablement leur existence.

La fécule va désormais réduire, dans de telles proportions, les frais du régime lacté, que l'éleveur est assuré de trouver son avantage à ne plus en restreindre la durée. L'usage prolongé et longtemps exclusif du lait, ce sera le premier pas, le plus important dans la voie de l'amélioration générale de nos races bovines.

Au début nous avions cru indispensable de cuire, pour chaque repas, la fécule qui doit être transformée en bouillie; nous nous bornons maintenant à faire cette cuisson une seule fois par jour; aux deux autres repas nous nous contentons de délayer les restes de la bouillie, dans le lait écrémé que nous faisons tiédir.

Nous continuons à rationner les veaux à raison d'un litre par 6 kilogrammes de leur poids, le plus grand nombre ne saurait en boire davantage. De plus gloutons, notamment parmi les Normands, absorberaient sans peine une ration sensiblement supérieure; nous avons constaté qu'une alimentation excessive ne donne pas un profit correspondant, et qu'elle expose les jeunes animaux aux entérites les plus graves.

Nous cessons d'augmenter la quantité de lait, lorsque les veaux sont arrivés à en consommer de 15 à 18 litres, car nous considérons que le moment est arrivé où l'appareil de la rumination doit commencer à sortir de son inaction.

Dans la saison, nous mettons alors à la portée des jeunes animaux des pommes de terre cuites, écrasées et saupoudrées de son, avec une poignée de foin; à mesure qu'ils se décident à y toucher, nous diminuons la dose de fécule dans le lait écrémé.

Nous ajoutons encore, suivant les ressources du moment, des feuilles de choux fourrages, de la luzerne tendre ou autres légumineuses, et nous continuons à donner du lait aussi longtemps que nos ressources nous le permettent.

Lait et fécule s'associent merveilleusement pour développer le système osseux et les tissus des jeunes animaux, et les maintenir, en même temps, en bon état de graisse. La pomme de terre doit être supprimée aussitôt que le lait; sans lui elle ne saurait produire que des animaux tout en façade, une couche de graisse derrière laquelle peu de muscles, un squelette sans consistance.

Lorsque la quantité de lait dont on dispose devient insuffisante, il est facile d'y suppléer, en remplaçant chaque litre de lait manquant par un mélange de 80 grammes de fécule cuite et 40 grammes de farine de viande. Il faut toutefois assurer aux élèves un minimum de 8 litres de lait, qui leur fourniront la quantité de phosphate de chaux indispensable pour leur développement normal ; autrement il y aurait à se préoccuper de la leur donner sous une orme différente.

Bien qu'un peu moins digestible que la fécule, la farine de viande offre une ressource précieuse pour les veaux d'élevage, mais rien que pour ceux-là ; elle doit être proscrite de l'alimentation des veaux de boucherie.

A ces derniers, ne faites prendre que de la bouillie de fécule, avec du lait écrémé, et non seulement ils profiteront tout autant que s'ils avaient été nourris de lait complet, mais leur aspect sur pied et la qualité de leur viande resteront exactement les mêmes.

M. LE PRÉSIDENT. Voulez-vous me permettre une question ?... Vous disiez tout à l'heure que vos veaux pouvaient absorber jusqu'à 15 litres de lait écrémé. A combien vous reviennent les rations journalières des veaux ?

M. GOUIN. Le prix me paraît difficile à établir, car la valeur qu'il faudrait attribuer au lait écrémé ne saurait être qu'arbitraire.

M. LE PRÉSIDENT. Si on évaluait le litre à 5 centimes ?...

M. GOUIN. 1 centime serait peut-être suffisant.

M. LE PRÉSIDENT. Combien de fécule ?

M. GOUIN. Je donne 40 ou 50 grammes de fécule suivant le mode d'écrémage du lait. Généralement ceux qui cherchent à chiffrer le résultat de leurs expériences, ont tendance à fixer, pour ceux des éléments dont la valeur n'est pas certaine, un prix tel que le résultat apparent est souvent supérieur à la réalité.

Lorsqu'il y a un peu de diarrhée ce n'est pas à la fécule qu'il faut l'attribuer, mais à la nourriture de la vache, qui consomme du fourrage mauvais à ce point de vue. Dans ce cas, changer la nourriture de la vache suffira pour faire disparaître la diarrhée. Il est vrai qu'il y a des vaches dont les veaux ont toujours la diarrhée.

M. LE PRÉSIDENT. Nous remercions M. Gouin de sa communication.
Quelqu'un demande-t-il la parole ?

Un membre du Congrès. Je voudrais bien savoir comment M. Gouin fait lorsqu'il n'a pas assez de lait écrémé. Vous remplacez par un mélange de farine de viande ou de fécule ? Comment remplacez-vous le liquide ?

M. GOUIN. Je compose un lait artificiel avec 80 grammes de fécule et 40 grammes de farine de viande, avec une quantité suffisante d'eau pour faire un litre au total. Je tâche de rester dans les limites naturelles.

M. JOY. Nous avons essayé de remplacer l'eau par du thé de foin, et nous avons obtenu des résultats excellents.

M. LE PRÉSIDENT. Dans quel pays ?

M. JOY. Dans l'Isère.

M. LE CONTE. Monsieur le Président, vous parliez tout à l'heure de la valeur du lait écrémé. Cette question a une très grande importance au point de vue des résultats obtenus, car, comme le disait M. Gouin, s'il y a fagots et fagots, il y a aussi lait écrémé et lait écrémé. Ainsi j'avais établi une comparaison il y a quelques années entre la valeur du lait écrémé par le système de l'écrémage naturel et par le système de l'immersion du lait chaud dans l'eau froide, et j'étais arrivé à une valeur de 4 centimes par litre de lait écrémé. J'ai été pris à partie et même assez violemment par le directeur de la Société coopérative de laiterie, qui écrème son lait à l'écrémeuse centrifuge, et qui prétendait que son lait ne lui revenait qu'à 2 centimes. Il y avait donc là un écart considérable entre les deux résultats. Tout cela dépend de la manière dont on écrème le lait. Avec la valeur de la farine de viande, système auquel je me suis rallié depuis deux ans sur les indications de M. Gouin, on peut dire qu'en moyenne il faut compter sur une dépense de 10 à 11 centimes par tête et par jour par veau. J'ai commencé par 200 grammes, puis j'ai poussé jusqu'à environ 500 grammes. M. Gouin m'avait engagé à aller plus loin, mais je me suis borné à ce chiffre et j'ai obtenu d'excellents résultats avec ce maximum. C'est donc en moyenne 350' grammes, soit 28 à 30 p. 100 de farine ou de fécule, ce qui me donne une dépense d'environ 10 à 11 centimes par tête et par jour.

M. LE PRÉSIDENT. M. Dumont a la parole.

M. Dumont. Je ne suis pas absolument de l'avis de M. Le Conte au sujet du lait écrémé. J'estime qu'il doit toujours valoir 4 à 5 centimes. Présenté en matière nutritive sous la forme où il est assimilable, le lait écrémé est en somme une véritable émulsion, et je crois que cette valeur n'est pas exagérée. En Belgique on a même voulu porter la valeur du lait écrémé à 10 centimes, ce qui est certainement exagéré, car même en enlevant au lait ses matières grasses, environ 38 grammes, il reste encore environ 40 grammes de caséine, 40 de lactose et environ 5 grammes de matières minérales très solubles. Les éléments minéraux qui sont ainsi formés donnent un produit qui vaut certainement 4 centimes. Je ne veux pas dire qu'il faille espérer toujours 4 centimes, mais je crois que ce chiffre n'a en somme rien d'exagéré.

M. le Président. Je ferai à cette observation une réponse : c'est qu'on peut calculer la valeur d'un aliment de deux manières différentes. Il y a la valeur absolue et la valeur relative. Je m'explique.

D'après ce que disait M. Dumont si l'on envisage les matières nutritives utiles qui se trouvent dans le lait écrémé, il peut se faire que le prix de 4 à 5 centimes ne soit pas exagéré; mais quand je demandais à M. Gouin à combien lui revenaient les rations de ses veaux, je voulais en définitive savoir s'il avait intérêt à faire des veaux, ou s'il avait au contraire intérêt à faire du lait. De sorte que la valeur nutritive du lait me paraît devoir être déterminée, dans les circonstances qui nous occupent, de la manière suivante. Il faut d'abord déterminer la valeur du lait pur, déduire la valeur du beurre que l'on extrait et le surplus constitue, suivant moi, la valeur relative du lait écrémé. C'est d'après ces bases que l'on peut savoir s'il y a intérêt à faire des veaux ou à faire du lait.

M. Gouin. Nous ne vendons pas notre lait, nous vendons le beurre.

M. le Président. Raison de plus pour donner à la valeur du lait écrémé la base que j'indiquais tout à l'heure.

M. Le Conte. Quand j'ai parlé de 4 centimes pour la valeur du lait écrémé j'entendais ceci : je calcule cette valeur d'après le profit que l'animal en a retiré. (*Très bien! Très bien!*) Les animaux sur lesquels j'ai fait l'expérience étaient des porcs.

On parle de matières grasses enlevées, c'est justement par le degré de matières grasses enlevées que peut-être le lait diffère. L'écrémage naturel ou par immersion froide laisse beaucoup de crème, tandis qu'avec les écrémeuses centrifuges, qui aujourd'hui ont un pouvoir extractif considérable, le petit lait est parfaitement écrémé en sortant des machines.

M. Dumont. Je me range entièrement à l'observation de M. Le Conte, et c'était précisément là ce que je voulais dire.

M. le Président. Il est très difficile d'avoir des preuves de la valeur du lait écrémé; c'est à chacun de vous de déterminer cette valeur pour son propre compte.

M. Rouanard, vétérinaire sanitaire à Neuville, près Neufchâtel-en-Bray (Seine-Inférieure). Je désirerais savoir de M. Gouin quelle est la méthode la meilleure pour éviter la diarrhée des veaux et quels sont à ce point de vue les meilleurs aliments?

M. Gouin. Ma réponse sera peut-être un peu prosaïque. Il faut éviter de donner aux mères des nourritures trop relâchantes... Le seigle, l'avoine, le froment en vert, à partir de la floraison, contiennent des principes irritants pour la vache et qui passent dans le lait. Lorsque les vaches en sont nourries, il est rare que leurs veaux ne contractent pas la diarrhée. D'autre fois, elle est amenée par une alimentation exagérée.

M. Nicolas. Vous n'aurez jamais de diarrhée si au moment de la naissance vous lavez vos veaux au cordon et au fondement avec une solution antiseptique...

M. Rouanard. Je ne suis pas convaincu de l'efficacité de ce procédé.

M. Nicolas. Permettez-moi de vous faire remarquer que le procédé dont je me sers a été préconisé par M. Nocard, dont vous ne méconnaissez pas la grande autorité. Je l'ai appliqué et m'en suis très bien trouvé. Je ne peux pas vous dire autre chose.

M. Rouanard. J'avoue que l'efficacité du procédé me laisse un grand doute; cependant je suis vétérinaire.

M. le Président. La parole est à M. Gouin pour sa communication sur l'administration des phosphates aux jeunes veaux.

M. Gouin. J'ai pu être très affirmatif dans ma communication sur les fécules; ici je le serai moins. Il s'agit de l'emploi des phosphates dans l'alimentation des jeunes veaux. J'ai commencé ces expériences il y a bientôt deux ans; elles ont été continuées pendant 200 jours sans interruption; mais je ne suis pas encore arrivé à ce qu'on peut appeler un résultat définitif; c'est tout au plus sur une piste que je veux vous mettre aujourd'hui.

L'utilité du phosphate de chaux dans la ration des animaux dont les aliments sont insuffisamment phosphorés, a été fréquemment établie. Nous nous sommes demandés, M. Andouard, avec la collaboration duquel ont été faites ces études et moi, si le même phosphate est susceptible de produire encore un effet utile, principalement chez les animaux en cours de croissance, dans le cas où ils reçoivent une alimentation naturellement riche en acide phosphorique. Nos expériences à ce sujet remontent à deux ans et ne sont pas terminées. Nous en détachons cependant quelques observations qui nous paraissent présenter un intérêt assez réel pour mériter d'être dès maintenant signalées à l'attention des éleveurs.

Nous nous sommes proposé tout d'abord de comparer l'efficacité de la poudre d'os verts du commerce à celle du phosphate bicalcique. Nous avons recherché ensuite si l'influence de ces phosphates sur l'ensemble des phénomènes de la nutrition est la même, lorsque l'alimentation présente un rapport nutritif moyen et lorsqu'elle est abondamment pourvue d'azote. Enfin, nous avons étudié l'action de la poudre d'os sur la lactation. Nous ne nous occuperons pas aujourd'hui de ce dernier point; nous nous bornerons à citer relativement aux deux premiers quelques faits qui nous ont frappés par la rapidité avec laquelle ils se sont produits.

Effets comparés du phosphate bicalcique et de la poudre d'os. — Le sujet qui a servi à cette expérience est une vêle durham pure, âgée de six mois, recevant comme ration constante : son, 1 kilogramme; tourteau de gluten de maïs, 1 kilogramme; foin et choux-fourrages à discrétion. Cette alimentation lui fournissait déjà trois ou quatre fois plus de phosphate de chaux que n'en exigeait l'accroissement de son squelette. Elle gagnait très régulièrement, en poids, 900 grammes par jour.

Au moment où nous avons commencé à lui faire absorber des phosphates, elle pesait 172 kilogrammes.

Nous lui avons donné premièrement 31 grammes d'acide phosphorique par jour, sous la forme de phosphate bicalcique et pendant cinq jours seulement. La présence de ce supplément d'acide s'est manifestée dans les excréments à partir du troisième jour et elle y était encore sensible trois jours après la cessation de l'expérience.

Pendant les six jours où l'analyse chimique a constaté l'expulsion intestinale du phosphate bicalcique, l'augmentation de poids de l'animal s'est élevée à 1,070 grammes par jour.

Nous le laissons au repos pendant plus de deux semaines et, lorsque nous le jugeons revenu à des conditions entièrement normales, nous lui rendons, pendant cinq jours encore, une ration quotidienne de 31 grammes d'acide phosphorique à l'état de poudre d'os verts.

L'apparition de cet acide phosphorique dans les *excreta* a eu lieu quatre jours après l'ingestion de la première dose et elle s'est prolongée huit jours après l'ingestion de la dernière. Le phosphore a donc mis dix jours à traverser l'organisme de l'animal, et chacun de ces dix jours correspondait à une augmentation de poids de 1,350 grammes.

Avant comme après les deux expériences et dans leur intervalle, la vêle a gagné très régulièrement 900 grammes par jour.

Les six jours d'influence du phosphate bicalcique ont donc procuré à l'animal un supplément de poids de 1,020 grammes, tandis que les dix jours correspondant au passage de la poudre d'os lui ont valu un supplément de 4,500 grammes, soit plus du quadruple.

2° *Influence des variations de l'azote alimentaire sur l'action de l'acide phosphorique.* — Les essais ont été limités à la poudre d'os et ils ont porté simultanément sur la génisse de la précédente expérience, qui pesait alors 206 kilogrammes, et sur une deuxième de même race âgée de cinq mois et pesant 158 kilogrammes.

Le régime alimentaire des deux animaux a été celui du début, dont nous avons, en premier lieu, retranché pendant douze jours le tourteau de maïs, afin d'en diminuer la richesse azotée. A cette ration, nous avons ajouté 150 grammes de poudre d'os verts par jour pour la génisse la plus âgée et 80 grammes pour la seconde. L'accroissement s'est réduit à 650 grammes par jour pour la première et à 620 grammes pour la seconde.

Le tourteau restitué, pendant dix jours consécutifs, avec 75 grammes seulement de poudre d'os pour la plus âgée et 50 grammes pour la plus jeune, l'accroissement s'est élevé respectivement à 1,100 grammes et à 1,080 grammes par jour pour chacune d'elles.

Aussitôt que nous avons cessé l'usage de la poudre d'os, tout en maintenant le régime alimentaire primitif avec tourteau et son, l'augmentation de poids de chaque jour est retombée à 800 grammes et à 700 grammes sans variations sensibles.

Il serait prématuré de déduire des conclusions absolues d'essais aussi peu prolongés que ceux-ci. Néanmoins, *il semble en résulter que la poudre d'os exerce une influence sérieuse sur l'assimilation des aliments* chez les bovidés, et que cette influence est en relation directe avec la richesse des aliments en matières protéiques. Si les recherches actuellement en cours confirment ces résultats, les éleveurs pourront imprimer à leurs animaux un accroissement rapide, moyennant une dépense de poudre d'os qui ne représentera guère qu'un centime par jour et par tête d'animal.

M. Nicolas. Vous êtes vous assuré que les animaux s'étaient assimilés le phosphate de chaux? Avez-vous analysé les déjections? Car enfin le phosphate n'est pas assimilable, je l'ai essayé sous toutes ses formes pendant bien longtemps et je n'ai jamais pu le faire passer dans l'animal.

M. Gouin. J'ai constaté sa présence dans les urines des jeunes veaux, tant qu'elles étaient à l'état acide.

M. Nicolas. Il s'agirait de le retrouver dans les excréments solides. Je ne crois pas, du reste, qu'il soit cause d'une augmentation notable du poids de l'animal.

M. Gouin. Je vous ai dit que l'étude n'était pas définitive, et que je ne la portais à votre connaissance que pour vous engager à faire mieux que moi, et à arriver à des résultats concluants. Je ne fais en ce moment qu'ouvrir une porte.

M. le Président. La communication de M. Gouin est d'autant plus intéressante qu'elle constitue une contribution à une question controversée depuis très longtemps.

Je n'étonnerai pas M. Gouin si je lui dis que ses conclusions seront acceptées par une certaine partie de l'auditoire avec assez d'incrédulité. Aussi bien M. Gouin ne se prononce pas sur la manière dont le phosphate agit. En homme prudent, avisé, il vous dit simplement : « J'ai constaté une augmentation dans le poids de mes animaux; le phosphate opère-t-il dans le corps de l'animal, je n'en sais rien; tout ce que je sais c'est qu'il y a accroissement de l'ossature. »

M. Grandeau demande la parole sur ce point, je la lui donne.

M. Grandeau. Messieurs, avec une prudence dont on ne saurait trop le louer, M. Gouin vous a dit qu'il faisait une expérience; pour ma part, tout ce que je sais de l'assimilation des phosphates est absolument contraire à l'opinion de M. Gouin. Je me suis occupé de la question. Mes expériences se faisaient, sans que nous nous en doutions, parallèlement avec celles de Duclaux et il a été impossible de trouver une différence d'un millième dans la composition du lait.

D'autre part il ne peut y avoir aucun rapport entre les proportions de phosphate de chaux données et l'augmentation de poids par jour de l'animal. Les quantités de phosphate de chaux retenues chaque jour dans le corps de l'animal sont trop faibles pour agir d'une façon sensible sur l'augmentation journalière de poids vif. Pour faire des expériences concluantes il faudrait prendre deux animaux absolument comparables, analyser complètement leur nourriture, faire l'essai du phosphate sur l'un d'eux et comparer les quantités de matières minérales fixées.

Le jour où cette expérience sera faite nous verrons; mais jusqu'à présent il n'y a aucune raison pour accepter l'emploi de l'alimentation phosphatée. Je ne dis pas qu'on n'obtienne pas de résultats, mais je demande plus de certitude avant de conclure et d'engager la culture dans l'emploi du phosphate chez les animaux. Donnez donc ce phosphate à vos prairies, faites du fourrage riche, et alors vous aurez du phosphate dans vos os. (*Très bien! Très bien !*)

M. Thierry. Je me range complètement à l'avis de M. Grandeau. J'ai fait moi-même des expériences à ce sujet, et je conseille seulement, comme essai d'assimilation directe du phosphate, l'emploi de la poudre d'os râpés.

M. Gouin. Mais c'est précisément ce que je viens de conseiller.

M. Grandeau. Il ne faut pas oublier que le phosphate d'os renferme une grande quantité d'azote qui joue un rôle important dans la production de la chair, mais alors, ce n'est plus l'acide phosphorique qui agit.

M. Gouin. Les 50 et 75 grammes de poudre d'os donnés à mes veaux ne contenaient guère que 2 à 3 grammes d'azote; si l'on veut supposer tout cet azote fixé dans l'organisme, il ne justifierait même pas un accroissement de 100 grammes.

Ce ne saurait être qu'à l'action de l'acide phosphorique qu'on pourrait attribuer ces augmentations d'accroissement de 300 à 450 grammes, constatées dans nos trois expériences. Nous avons supposé que l'acide phosphorique agirait comme excitant nutritif, les études que nous poursuivons nous permettront peut-être de l'établir prochainement.

M. Nicolas. J'ai fait de nombreuses expériences sur l'emploi du phosphate pour phosphater le lait. J'ai donné du phosphate à mes vaches sous toutes les formes; nous avons analysé les déjections avant et après l'administration du phosphate, et les urines, et nous avons toujours trouvé dans les déjections la même dose, dans le lait zéro.

J'ai voulu également faire l'expérience sur les fourrages. J'ai pris pour savoir quel engrais donnerait le meilleur résultat, un champ de luzerne de 10 hectares. Un quart de ce champ a été phosphaté, un quart traité par le chlorure de potassium, un autre quart par le chlorure de sodium, dans le dernier rien.

La parcelle phosphatée, qui avait 2 hectares et demi, a donné une quantité considérable de phosphate de chaux. Je me suis dit, voilà mon affaire, je vais trouver du phosphate de chaux dans le lait. En effet, j'ai administré à quatre vaches la luzerne phosphatée, et j'ai trouvé dans l'analyse du lait 3 ou 4 centigrammes de phosphate de chaux en plus par litre.

M. le Président. Ce n'est pas économique.

M. Nicolas. Pardon ! Je vendais le litre de lait 1 franc.

M. le Président. C'est une production un peu spéciale.

M. Nicolas. On vend facilement ce lait pour les malades.

M. Grandeau. En somme, il est indispensable de phosphater les prairies pauvres. Mettez du phosphate dans les prairies.

M. Joy. Quand vous administriez votre phosphate aux animaux, avez-vous constaté une augmentation de poids?

M. Nicolas. Non. Je n'ai pas trouvé beaucoup de chaux parce que la dose était trop faible, mais il est très possible que le phosphate de chaux agisse sur l'animal au point de vue digestif et fasse grossir l'animal.

M. le Président. Permettez-moi de vous dire que vous êtes peut-être plus près de vous entendre que vous ne le pensez.

M. Gouin affirme, et M. Grandeau déclare de son côté que le phosphate de chaux n'est point directement assimilable par l'organisme. Mais M. Gouin n'affirme pas que le phosphate entre dans l'organisme : il vous donne simplement un résultat expérimental, dont il n'apporte pas l'explication, il dit seulement qu'il a administré du phosphate et que, soit que ce phosphate se soit fixé dans l'organisme, soit qu'il ait seulement influé sur le tube digestif, en facilitant l'assimilation des autres aliments, sous l'influence de ces diverses causes ses animaux ont augmenté de poids. Il est incontestable qu'il ne faut pas faire dire à ces expériences plus qu'elles ne disent.

M. Grandeau dit que le phosphate n'agit pas sur les animaux pour augmenter leur poids, et que s'il agit c'est en réalité uniquement par l'azote que les os contiennent. Cela est possible. M. Gouin n'explique pas, il constate seulement que le poids a augmenté.

Un membre du Congrès. Permettez-moi de rappeler que des expériences sur les chevaux ont été faites autrefois à ce point de vue spécial, expériences dont a parlé le journal dirigé par M. Grandeau, et qui concluaient exactement de la même façon que M. Gouin.

M. Grandeau. A quels articles faites-vous allusion?

Un membre du Congrès. Ils ont paru il y a plusieurs années déjà.

M. Grandeau. Je n'étais peut-être pas né (*Sourires*). Nous sommes là en présence d'une question très controversée. Il est très difficile de peser le pour et le contre. On peut discuter indéfiniment.

M. LE PRÉSIDENT. Il est incontestable, Messieurs, qu'il y a en agriculture des questions extrêmement complexes. Il ne faut pas se hâter de conclure.

M. Gouin vous a donné un élément de recherches, il a cité une expérience qu'il a faite lui-même, il a fait connaître le résultat qu'il avait obtenu : je ne puis que l'en remercier chaleureusement au nom de tous ses auditeurs. (*Applaudissements.*)

M. GOUIN. J'avais aussi essayé ce procédé sur des vaches laitières, mais les résultats ont été insignifiants.

M. GRANDEAU. Vous ne trouviez pas d'acide phosphorique?

M. GOUIN. Si peu que je n'ose pas le dire.

M. JOY. Nous avions dans ma commune la maladie connue sous le nom d'ostéomalacie. Nous avons phosphaté les prairies, mais d'autres éleveurs se sont contentés de donner du phosphate bi-calcique à leurs vaches, et ils ont obtenu les mêmes résultats que nous. C'est donc que le phosphate avait agi. La maladie a disparu.

M. M. BLANCHARD. Il y a quelques années nous avions essayé d'administrer à des poulains de la poudre d'os verts. Qu'est-il arrivé? C'est qu'au bout de trois semaines les articulations étaient moins souples, il y avait des commencements de nodosités. On a interrompu l'expérience pendant quinze jours; les poulains redevinrent alertes, plein d'animation.

L'assimilation n'est peut-être pas la même chez de jeunes animaux que pour des adultes.

M. LE PRÉSIDENT. Tout cela est très difficile et très complexe.

M. GRANDEAU. L'un de ces Messieurs vient de nous citer tout à l'heure un fait extrêmement intéressant au point de vue de l'assimilation des phosphates. Pourriez-vous, Monsieur, nous le faire constater?

M. Joy. Certainement. Nous sommes trois fermiers voisins. Moi j'avais phosphaté mes prairies, mon voisin donnait directement du phosphate, le troisième n'a rien fait; il n'a ni donné du phosphate aux animaux ni phosphaté ses prairies. Eh bien chez moi il n'y a plus de maladie, chez mon voisin, plus de maladie, et chez le troisième elle a persisté.

M. Grandeau. Quel fourrage mangeaient les animaux?

M. Joy. Le foin des prairies.

M. Grandeau. Le fourrage destiné à vos animaux était du fourrage phosphaté?

M. Joy. Chez moi, oui, chez mon voisin non, chez le troisième non plus. Nous sommes tous voisins.

M. le Président. Il faut préciser. Vous dites que vous êtes trois fermiers.

M. Joy. Deux fermiers et moi, oui.

M. le Président. Cela fait trois exploitations. Et combien avez-vous de bêtes?

M. Joy. L'un 8, l'autre 15, l'autre 6 ou 7.

M. le Président. L'un de vous n'avait pas phosphaté ses prairies, l'autre avait au contraire répandu du phosphate, et le troisième rien?

M. Joy. Celui qui n'avait pas phosphaté ses prairies donnait aux animaux du phosphate bi-calcique directement dans leur ration.

M. Grandeau. Combien de temps cela a-t-il duré?

M. Joy. Pendant sept ans.

M. Grandeau. Et l'ostéomalacie a disparu au bout de combien de temps?

M. Joy. Au bout de trois ans, complètement.

M. le Président. Vous avez donné du phosphate pendant trois ans ?

M. Joy. Je ne puis pas dire exactement quand cela a commencé, mais je pourrai vous renseigner.

M. le Président. Nous vous serions obligé, Monsieur, de nous donner sur ce sujet une note très exacte.

M. le Président. Je donne la parole à M. Bussard, chef des travaux de la station d'essais de semences à l'Institut agronomique, qui va nous faire une communication sur la falsification des tourteaux.

M. Bussard. Messieurs, l'année dernière, à pareille époque, M. Jules Le Conte vous entretenait de la législation relative aux fraudes sur les denrées destinées à l'alimentation du bétail.

Dans son remarquable rapport, il signalait à votre attention les mesures à prendre pour garantir les éleveurs contre les manœuvres dolosives des commerçants peu scrupuleux. Sur la demande de M. Le Conte, appuyée par M. Grandeau, le Congrès adoptait à l'unanimité un vœu tendant à obtenir du Parlement le vote d'une loi spéciale à l'effet de réprimer la fraude dans le commerce des denrées alimentaires.

Ce terme de fraude appelle quelques explications techniques et j'ai pensé qu'il ne serait peut-être pas inutile de vous les fournir. Vous indiquer les principales formes que revêt la fraude, c'est vous mettre en garde contre elles et peut-être, — en attendant qu'une loi protectrice intervienne, — vous permettre d'échapper aux tromperies les plus communes grâce à quelques précautions élémentaires. Il est d'autant plus aisé de vaincre un ennemi qu'on le connaît mieux.

Les fraudes sur les denrées alimentaires destinées à l'alimentation du bétail portent : 1° sur la nature; 2° sur la qualité; 3° sur la quantité des produits livrés.

Fraudes sur la nature des denrées alimentaires. — Il y a fraude sur la nature de la marchandise toutes les fois que le vendeur attribue à celle-ci une fausse désignation en vue de tromper l'acheteur sur sa valeur réelle. Sous le nom de son, vendre des balles de riz broyées, qui ne contiennent pas d'amidon; fournir des tourteaux sulfurés comme tourteaux de simple pression, des tourteaux d'arachides en coques ou de coton brut pour des tourteaux décortiqués constituent des fraudes de ce genre.

Toutes sont préjudiciables à l'acheteur, mais il en est de particulièrement nuisibles à ses intérêts parce qu'elles mettent en péril la santé des animaux. Le tourteau de faînes décortiquées ne présente aucun inconvénient pour l'alimentation du bétail; celui qui provient de faînes non mondées est franchement vénéneux. Sous la dénomination de tourteau de colza qui, logiquement, devrait s'appliquer seulement au résidu laissé par la pression des graines de notre plante indigène bien connue, on livre fréquemment des tourteaux de graines exotiques, de colzas de l'Inde, formés en réalité de moutardes diverses mélangées, en proportions variables, avec d'autres crucifères et des semences d'espèces spontanées. On n'en est plus à compter les accidents causés par les tourteaux de colza de l'Inde et nous avons eu nous-mêmes, à plusieurs reprises, à identifier des résidus semblables ayant provoqué chez des bœufs ou des vaches des empoisonnements mortels.

La substitution du tourteau de ravison au tourteau de navette présente des inconvénients de même ordre. Le ravison, tiré généralement de la Russie méridionale, et sur la détermination botanique duquel on discute encore, n'est pas autre chose, à notre avis, que la vulgaire moutarde des champs, sanve, sénevé, jotte de nos cultivateurs, additionnée d'impuretés nombreuses par suite d'un mode de culture fort primitif et du défaut d'épuration des graines.

Mais la fraude n'est pas toujours aussi simple. M. Van den Berghe, directeur du laboratoire de Roulers (Belgique), rapporte qu'un cultivateur soumit un jour à son examen, comme farine de lin, un mélange de tourteau de colza blanc de Guzerat, de tourteau de ravison et de sulfate de baryte ne renfermant pas une seule graine de lin.

Bien qu'il n'y ait pas fraude au sens strict du mot, ne convient-il pas de rapprocher des tromperies que je viens de vous signaler le fait de livrer un produit sous une dénomination fantaisiste ne permettant pas à l'acheteur d'en reconnaître la nature et, conséquemment, d'en apprécier la valeur?

Nous avons procédé, il y a quelques années, au laboratoire de la Station d'essais de semences, à l'examen macroscopique et microscopique d'une provende autour de laquelle on faisait alors force réclame. Il en ressortit que cette provende était composée comme suit :

Graines de fenu-grec torréfiées et moulues..................... 6o p. 1oo.

Déchets d'orge et de riz, balles, débris divers............... 1o

Touraillons... 7

Sel marin.. 23

Total........................... 1oo

L'analyse chimique du produit, faite par mon excellent collègue et ami, M. A. Ch. Girard, a donné les résultats suivants :

Eau... 5.88 p. 1oo.

Matières { grasses... 3.64

{ azotées... 11.94

Cellulose...................................... 13.1o

Extractifs non azotés............................ 35.7o

Cendres (comprenant 23.66 p. 1oo de cendres solubles formées presque exclusivement de sel marin)................... 29.74

Total........................... 1oo.oo

M. Girard attribuait à cette denrée, en comptant au cours du jour les différentes substances nutritives qu'elle renfermait, une valeur maxima de 1o à 12 francs par 1oo kilogrammes.

Cependant, le vendeur prenait soin d'indiquer dans ses prospectus que la provende en question était, non seulement un aliment, mais encore un condiment propre à exciter l'appétit des animaux et à leur faciliter l'assimilation des matières nutritives. Elle échappait, sous ce rapport, à la précédente évaluation; toutefois, même en acceptant la thèse du vendeur, on ne pouvait lui reconnaître une valeur marchande sensiblement supérieure à celle des produits dont elle était composée.

Or, en totalisant les prix maxima de 6o kilogrammes de graines de fenu-grec, de 23 kilogrammes de sel marin et de 17 kilogrammes de déchets d'orge et de riz (en tout 1oo kilogrammes de provende), nous obtenions une somme inférieure à 6o francs. La provende se vendait à raison de 2 fr. 25 la boîte de 5oo grammes, ce qui faisait ressortir à 45o francs le prix du quintal, soit près de huit fois sa valeur réelle. Une telle majoration est-elle admissible — notez qu'il s'agissait d'un produit de fabrication facile — et ne faut-il pas regretter que, dans des cas semblables, la loi ne permette pas d'atteindre l'industriel coupable d'abuser ainsi de la crédulité de certains éleveurs sur lesquels les promesses fallacieuses de prospectus habilement rédigés exercent une irrésistible séduction?

Fraudes sur la qualité des denrées alimentaires. — Tout en répondant dans une certaine mesure à la désignation de vente, la denrée peut être d'une qualité inférieure à la qualité annoncée. Un tourteau de lin qui renferme 10 p. 100 de graines étrangères ne cesse pas d'être un tourteau de lin, mais il n'a pas la valeur du tourteau pur et l'acheteur prévenu doit le payer en conséquence.

Où les impuretés contenues dans un produit alimentaire s'y trouvent naturellement, par suite de procédés imparfaits de fabrication ou de préparation, ou elles y ont été introduites frauduleusement. Dans ce dernier cas, il y a véritablement falsification.

La falsification est d'une fréquence d'autant plus redoutable qu'il s'agit de denrées d'un prix plus élevé.

On falsifie les tourteaux par addition d'autres tourteaux de moindre valeur, de déchets ou de criblures de graines, de sons divers, de balles de riz, de pulpe de pomme de terre, de drèches de maïs séchées, de sciure de bois, de matières terreuses, de plâtre, de sulfate de baryte, de chlorure de sodium, etc.

Aux farines de céréales ou de légumineuses, on mélange des farines inférieures plus ou moins souillées de débris de graines de nielle, de liseron, d'ivraie, de moutarde des champs, d'ergot, de spores de carie ou de charbon, de poussières diverses. On les additionne aussi de craie, de plâtre, d'alun, de poudre d'os ou de corozo.

Dans une farine de coco, nous avons trouvé près de 20 p. 100 de coques d'arachide moulues, du sel marin, de fins graviers et des débris de charbon de bois.

Les sons, remoulages, recoupettes et produits analogues se prêtent admirablement aux sophistications. Sous ce nom de remoulage, nous recevions tout récemment une denrée que l'analyse nous a révélé formée de débris de péricarpe de maïs, de son de blé en faible proportion et de plus de 20 p. 100 de sciure de bois tamisée.

La fraude par addition de matières étrangères est d'autant plus difficile à déceler qu'elle porte sur des produits plus finement pulvérisés.

Elle devient particulièrement dangereuse quand l'adultération se fait à l'aide de matières vénéneuses, graines de ricin, de croton, de purgère, coques de faîne, moutarde, nielle, etc.

La présence, dans les denrées destinées à l'alimentation du bétail, de graines de plantes adventices auxquelles leur faible volume permet d'échapper au broyage ou aux traitements industriels, offre un autre inconvénient : ces graines, revêtues de leur tégument protecteur, traversent le tube digestif des animaux sans subir d'altération; elles se retrouvent ensuite dans les déjections et les fumiers et, n'ayant rien perdu de leur faculté germinative, empoisonnent les champs de mauvaises herbes.

La moutarde des champs, le myosotis, le spergule, la petite oseille, le mouron, les sétaires, la millefeuille et bien d'autres espèces peuvent se propager ainsi.

A plusieurs reprises, on a signalé l'apparition de la cuscute ou teigne dans des prairies artificielles à la suite de fumures à l'aide de tourteaux ou de fumiers renfermant des graines de cette plante parasite si justement redoutée des cultivateurs.

C'est aux fraudes sur la qualité qu'il convient de rattacher la vente comme denrées alimentaires de matières avariées : tourteaux rances, substances fermentées, moisies ou devenues la proie des insectes, des vers ou des acariens.

Fraudes sur la quantité des denrées alimentaires. — Les fraudes sur la quantité des denrées livrées ne relèvent pas seulement d'une question de pesée. On peut atteindre ce résultat : fournir moins de matières utiles que le marché n'en comporte, par d'autres moyens que la vente à faux poids.

Sous la forme où elles se rencontrent dans le commerce, beaucoup de denrées alimentaires pour le bétail renferment normalement de 12 à 14 p. 100 d'humidité. Que, par un mouillage, le vendeur porte à 17 ou 18 p. 100 leur teneur en eau au moment de la livraison — ce qui dans certains cas pourra ne pas paraître excessif — c'est 4 ou 5 pour 100 d'eau qu'il fera payer à l'acheteur au prix de la matière utile. Et cette dernière deviendra, par le fait du mouillage, plus sujette à s'avarier, à fermenter ou à moisir.

Mais je m'arrête, Messieurs, dans cette nomenclature des fraudes sur les denrées alimentaires du bétail; je lasserais votre patience sans parvenir à vous les signaler toutes, car l'esprit des fraudeurs est fertile en ressources ingénieuses et chaque jour voit éclore quelque invention nouvelle de leur part.

Il faut le déplorer d'autant plus que leurs manœuvres ont des conséquences dont la portée dépasse de beaucoup celle du dommage immédiat causé à l'éleveur. Elles discréditent les méthodes d'alimentation rationnelle du bétail en décourageant le praticien de recourir à l'emploi d'aliments concentrés, qu'il se trouve dans l'obligation de demander au commerce et sur la nature et la valeur desquels il craint toujours d'être trompé.

Cependant, au lieu de se confiner à ce sujet dans une abstention qui le prive de ressources économiques précieuses, l'éleveur ne ferait-il pas mieux de chercher les moyens de se prémunir contre la fraude? Que de tromperies semblables à celles que nous venons d'énumérer il pourrait éviter avec un peu de prudence et de volonté.

Précautions à prendre pour l'achat des denrées destinées à l'alimentation du bétail. — Nous lui conseillons notamment de n'acheter que des matières dont la valeur alimentaire est notoire ou a été préalablement établie par l'expérience, de s'adresser de préférence à des produits simples non mélangés, quitte à faire lui-même ensuite les mélanges qu'il jugera nécessaires. Est-il besoin d'appeler son attention sur leur état de conservation?

Qu'il se défie des poudres, si faciles à sophistiquer sans qu'il y paraisse lors d'un examen superficiel, et qu'il leur préfère, toutes les fois qu'il y aura possibilité — pour les tourteaux par exemple — des produits de même nature non pulvérisés.

Il doit exiger en outre du vendeur, sur la facture de livraison, la désignation exacte et complète du produit ou, s'il s'agit d'une denrée composée, celle des principales matières la constituant : son de blé ou de maïs, farine d'orge, d'avoine, de riz, de féverole, touraillons, etc.

Il repoussera tous les mélanges mystérieux, toutes les provendes aux noms ronflants dont on ne tient la composition secrète que pour masquer l'écart existant entre le prix de vente et leur valeur réelle. L'emploi de telles denrées n'est profitable qu'à la bourse de l'industriel qui les fabrique.

Pour les tourteaux, qui tiennent une place si considérable aujourd'hui dans l'alimentation du bétail, nous voudrions voir les transactions s'effectuer sur garanties indiquées par la facture de livraison et portant sur les points suivants : *espèce, variété, origine* des graines ayant servi à la préparation du tourteau (colza indigène, de Russie, de l'Inde, coton d'Amérique, d'Égypte, etc.), procédés industriels auxquels elles ont été soumises (tourteau de pression, tourteau sulfuré, arachide brute ou décortiquée); état de conservation du tourteau, proportion des matières étrangères qui s'y trouvent mélangées (selon les cas, le tourteau serait vendu à 98, 95, 90 p. 100 de pureté). Bien entendu, l'absence de toute impureté nuisible serait spécifiée et il y aurait lieu d'indiquer la nature des impuretés non dangereuses toutes les fois que la proportion en serait un peu forte, 2 ou 3 p. 100 par exemple.

Enfin, richesse en principes nutritifs. Dans le cas de tourteaux purs d'espèces connues, dont la composition se trouve dans toutes les tables dressées en vue de l'établissement des rations, cette dernière indication aurait moins d'importance.

Si l'acheteur concevait des doutes sur la sincérité des garanties ainsi formulées, une analyse de contrôle devrait intervenir, et je n'entends point seulement une analyse chimique, trop souvent impuissante à déceler la présence de certaines substances dangereuses en raison de la subtilité des essences ou des toxines qui en déterminent la nocuité, mais un examen complet, macroscopique et microscopique conduisant à la vérification de toutes les garanties précédemment énoncées. L'essai sur de petits animaux d'expériences d'un produit suspect de toxicité s'imposerait seulement dans les cas fort rares où le précédent examen ne fournirait à ce sujet que des indications insuffisamment précises.

Des règles analogues pourraient s'appliquer aux transactions concernant un grand nombre de denrées alimentaires de vente courante.

Mais il s'agit, en l'espèce, de modifier profondément les mœurs commerciales actuelles et il ne faut pas se dissimuler que des résistances sont à craindre dont les éleveurs réduits à leurs propres forces auraient peut-être difficilement raison.

C'est en brisant ces résistances que la loi dont vous avez demandé le vote au Parlement peut intervenir utilement. Et pour qu'elle ne reste pas lettre morte, pour en assurer l'entière efficacité, des mesures complémentaires s'imposeront dont l'exposé sortirait du cadre de cette communication.

M. Grandeau. Je profite de l'occasion pour vous signaler qu'il y a en ce moment, dans trois ou quatre départements du Sud de la France, des gens qui vendent par wagons des farines qui sont superbes comme aspect, mais qui renferment du plâtre.

J'ai reçu d'agriculteurs de ces pays-là des échantillons que les animaux se refusaient à manger (je le crois parbleu bien) et j'y ai trouvé 14 p. 100 de plâtre.

C'est probablement la suite de cette vaste fraude de farines avec de la sciure.

M. le Président. Tout cela indique la nécessité que nous avons signalée l'année dernière déjà au Ministère de l'agriculture, de trouver des méthodes d'analyse rapide, exacte et à bon marché.

M. Grandeau a été nommé président de la Commission à laquelle je faisais allusion au début de la séance; nous ne saurions trop lui recommander de mener à bonne fin dans le plus bref délai les travaux et le mandat dont il est investi.

Il est 4 heures et demie passées, Messieurs; nous ne voudrions pas abuser de votre patience. Nous vous donnons rendez-vous à lundi 2 heures.

La séance est levée.

NOTE

SUR L'ALIMENTATION DES PORCS,

PAR M. RIGAUX,

PROFESSEUR DÉPARTEMENTAL D'AGRICULTURE DE LA LOZÈRE.

———

Ainsi que vous m'y avez engagé, je viens communiquer à la Société de l'alimentation rationnelle du bétail, mes remarques concernant l'alimentation des porcs dans notre région.

L'arrondissement de Florac est constitué en grande partie par les montagnes schisteuses des Cévennes où la châtaigne est une des principales récoltes.

Les pauvres habitants de ces arides montagnes se livrent surtout à l'élevage du porc, qu'ils nourrissent d'herbes, de pommes de terre, de châtaignes non marchandes, et enfin de son qu'ils achètent. Ils se sont récemment organisés en syndicats afin d'obtenir les sons et recoupes de qualité garantie et au meilleur marché possible. Malheureusement le commerce ne garantit la teneur de ce résidu ni en hydrates de carbone, ni en graisse, ni surtout en matière azotée.

Or, d'après les boulangers, il y a dans le commerce du gros son écaillé estimé environ 15 francs les 100 kilogrammes; du gros son deux cases, 13 fr.; du gros son trois cases, 12 francs; des repasses ou recoupettes, 11 à 15 fr.; des remoulages blancs ou bis blancs, 16 à 20 francs.

Ces diverses catégories ont donc des valeurs très variables allant du simple au double, et on ne peut avoir une garantie de la valeur réelle de la marchandise. De plus, le son ordinaire varie dans ses qualités nutritives selon qu'il provient de blé dur, demi-dur ou tendre, selon que ces blés ont plus ou moins bien mûri, qu'il ont été rentrés secs ou humides, etc.

Le son de blé ordinaire, de composition moyenne, renferme, d'après Wolf :

Matières	hydrocarbonées............................	45.2 p. 100.
	grasses...................................	2.4
	azotées..................................	10.6

Estimant les hydrates à 0 fr. 13 l'unité, et la matière grasse à 0 fr. 27, on

trouve que l'unité de matière azotée revient à 0 fr. 80 quand le son se vend
15 francs et à 0 fr. 35 quand il est livré à 10 francs les 100 kilogrammes.

Or il y a des aliments qui peuvent fournir l'azote à bien meilleur compte
ainsi aux prix de :

	LES 100 KILOG.	L'UNITÉ.
Tourteau de coton décortiqué..............	14f 00c	0f 23c
Radicelles d'orge........................	9 50	0 17
Drêches sèches de maïs..................	14 00	0 21
Tourteau de lin........................	19 00	0 50

D'après ces chiffres, j'ai songé que l'on pourrait peut-être, avec avantage,
remplacer le son en partie par les radicelles d'orge et surtout par les drêches
de maïs que nous avons tout près (au Pouzin, Ardèche).

Ces drêches de maïs contiennent environ 35 p. 100 de matière azotée;
elles conviendraient donc surtout au début de l'engraissement, lorsque l'animal a besoin de beaucoup d'azote pour former son corps, ses muscles. Le
tourteau de coton mélangé en petite proportion me paraît aussi devoir jouer
un rôle utile; le son et les radicelles d'orge, moins azotés, diminueraient dans
le mélange à la dernière période de l'engraissement.

Si cette façon d'opérer se généralisait on pourrait peut-être, en vertu de la
loi de l'offre et de la demande, espérer des cours moins élevés des sons et
repasses.

En Amérique on se trouve très bien d'ajouter une poignée de bonne cendre
de bois à la ration journalière de chaque porc.

Cette pratique me semble excellente, car elle apporte du phosphate de
chaux, généralement insuffisant dans les aliments, pour les besoins d'animaux
qui doivent arriver en un temps très court à la limite de leur existence. La
cendre peut être remplacée par du phosphate de chaux précipité, épuré.

Cette addition d'éléments minéraux serait éminemment utile dans nos Cévennes où l'élément calcaire fait défaut, aussi bien que l'acide phosphorique.

Si la Société de l'alimentation rationnelle du bétail voulait tenter des expériences à ce sujet, je lui indiquerais un agriculteur intelligent qui consenti-
rait à s'en charger et qui les conduirait certainement à bien.

NOTE

SUR L'ALIMENTATION DES ANIMAUX
DANS LE DÉPARTEMENT DE LA MANCHE,
PAR M. FASQUELLE,
PROFESSEUR DÉPARTEMENTAL D'AGRICULTURE.

ALIMENTATION DES VACHES LAITIÈRES.

Les éleveurs de la Manche et principalement ceux des arrondissements de Saint-Lô, Coutances et Valognes, qui produisent le beurre renommé, connu sous le nom de « beurre d'Isigny », tiennent à maintenir la réputation de leur beurre. Ils savent tous que l'alimentation des vaches laitières a une très grande influence sur la qualité du beurre et le critérium de cette qualité n'est pas pour eux l'analyse du lait et sa composition en matière sèche : caséine, matières grasses, sucrées, mais le produit obtenu par la vente du beurre sur le marché.

Le beurre de meilleure qualité est produit par les vaches qui vivent dehors et par suite n'ont pas l'odeur de vaches enfermées dans une étable, qui sont tenues très propres, qui boivent de l'eau courante et limpide et qui sont nourries d'herbes vertes de prairies naturelles non humides. Il faut aussi avoir le soin de rajeunir le lait du troupeau, c'est-à-dire ne pas employer à la fabrication du beurre le lait des vaches fraîchement vêlées, ainsi que le lait des vaches vêlées depuis longtemps.

Le troupeau de vaches laitières doit être souvent changé de prairies et les vaches ne doivent pas complètement manger l'herbe de la prairie; on retire les vaches quand il reste encore assez d'herbe pour nourrir des chevaux ou des jeunes animaux.

Les vaches laitières, dans le Cotentin, restent dehors presque toute l'année; si dans les prairies il n'y a plus assez d'herbe, on leur donne du foin sec dans la prairie.

Les herbes de prairies artificielles produisent du beurre de qualités très différentes.

Le sainfoin donne du beurre de très bonne qualité; le trèfle et la luzerne donnent du beurre de mauvaise qualité.

Les avis sont partagés au sujet de la moutarde blanche.

Les différences entre le beurre produit par le lait des vaches nourries avec des plantes-racines sont également sensibles.

Le beurre produit par les carottes est très bon.

Le beurre produit en ajoutant (comme précédemment) des betteraves fourragères à la ration de foin sec est moins bon que le beurre produit en ajoutant des carottes. Les éleveurs de la Manche ajoutent du son aux betteraves, généralement les betteraves employées sont moins fermentées que celles dont on fait usage dans le nord de la France. Certains cultivateurs les donnent crues, sans qu'elles aient subi aucune fermentation.

Le rôle des betteraves dans l'alimentation des vaches laitières, productrices de beurre de première qualité, étant très important à connaître pour les agriculteurs de la Manche, il serait intéressant de savoir à propos des expériences exécutées en Danemark par Fjord et résumées dans les comptes rendus du Congrès de l'alimentation de 1897 :

1° Comment on a déterminé la *qualité* du lait ? Est-ce par l'analyse (matière sèche et matière grasse) ou par la vente du beurre sur le marché ?

2° Quelle est la quantité minima de son, ou farine d'orge qu'il faut mélanger à une quantité donnée de betteraves ;

3° Quelle est la ration composée de foin sec de prairies naturelles, de betteraves, de menue paille et de son ou farine d'orge, qu'il est plus avantageux d'employer par 100 kilogrammes de poids vif, au double point de vue de la quantité et de la qualité du lait et du beurre.

Je sais bien qu'avec les tables on peut calculer quel est le mélange correspondant à la ration nutritive que l'on désire obtenir ; ce n'est pas ce calcul que je désirerais avoir, c'est un fait d'expérience pratique.

Les rutabagas sont très bons pour l'engraissement, mauvais pour l'obtention du beurre.

Les aliments concentrés ont également une action très marquée sur la qualité du lait et, par suite, sur celle du beurre.

Le son est l'aliment laitier, par exemple, toujours au point de vue de la qualité du beurre. (**Quelques éleveurs estiment** beaucoup la farine d'orge.)

Les farines d'orge et de féveroles sont **surtout employées** pour l'engraissement.

Les tourteaux très bons pour donner la quantité doivent être rejetés de l'alimentation des laitières, au point de vue spécial auquel nous nous plaçons.

Un de mes amis qui a voulu employer des tourteaux de coco a vu, sur la halle de Paris, le prix de son beurre diminuer de 1 fr. 50 par kilogramme.

Une remarque pour terminer. Un éleveur ayant employé du guano de poissons (excellent engrais sur les terres en labour) sur ses prairies, et ayant mis ses vaches laitières dans la prairie, quelque temps après l'épandage du guano, on a constaté une diminution sensible dans la qualité de son beurre.

Ces observations ne sont pas nouvelles, j'en aurais d'autres à présenter, mais je préfère m'abstenir, n'en ayant pas vérifié l'exactitude. Je les transmets dans l'espoir qu'elles pourront rendre quelques services.

ALIMENTATION DES VEAUX.

Dans la Manche les agriculteurs élèvent beaucoup de jeunes animaux et engraissent une grande quantité de veaux pour la boucherie.

1° Veaux d'élevage :

Je n'ai rien de bien intéressant à communiquer sur ce sujet. Jeunes, avant le sevrage, ils boivent du petit lait, quelquefois mélangé à des tourteaux de lin ou à des farines et du thé de foin; sevrés, ils sont au pâturage. Il y a encore des agriculteurs qui ne donnent que du foin sec ou de la paille l'hiver, mais généralement les animaux, jusqu'au moment où les génisses sont pleines, sont bien nourris. A ce moment elles sont vendues.

Quant aux taureaux, les éleveurs sont passés maîtres dans la façon de les nourrir et de les soigner.

2° Veaux de boucherie :

On fabrique le beurre dans la Manche au moyen de deux systèmes :

1° L'écrémage spontané, le plus communément employé;

2° L'écrémage centrifuge mixte et exceptionnellement l'écrémage centrifuge industriel.

Le petit lait centrifugé est très bon pour l'élevage; il ne permet pas de pousser très loin l'engraissement des veaux de boucherie. Quelques éleveurs mélangent du lait doux au petit lait centrifugé et vendent leurs veaux gras comme veaux de lait doux.

Le petit lait obtenu par la méthode d'écrémage spontané est supérieur au petit lait centrifugé. On ajoute à ce petit lait les aliments suivants :

Pain, farine entière de froment, farine 3e de froment, remoulage, farine de sarrasin (en petite quantité), farine de féveroles, farine d'orge, fécule de pommes de terre.

On fait peu usage de riz et de vermicelle, ainsi que de la farine de maïs.

J'ai fait usage de saindoux, la préparation est un peu délicate.

Dans l'intéressante communication qu'a faite M. A. Gouin, au Congrès de l'année dernière, il n'indique pas si le petit lait était centrifugé ou obtenu par l'écrémage spontané. Frappé des renseignements donnés par M. Gouin, j'ai fait une sorte d'enquête dans le Cotentin. Voici ce que je peux signaler :

Aux environs de Carentan, il y a cinq ans que l'on fait usage de la fécule de pommes de terre.

On n'emploie la fécule qu'à partir de l'âge de deux mois, au moment où on veut finir l'engraissement du veau.

Un litre de fécule bien cuite, mélangée avec du petit lait et salée pour que les veaux boivent mieux, suffit pour un repas de 8 veaux. On donne la fécule deux fois par jour.

Avec un litre de fécule on obtient au moins 16 litres de boisson, ce qui fait 2 litres par veau et par repas.

Cette boisson étant chaude on l'ajoute à environ 5 à 6 litres de petit lait (la quantité dépend du poids et de l'appétit du veau) de façon que le mélange que l'on donne au veau soit tiède.

Au point de vue de la qualité de la viande produite, l'emploi de la fécule est à recommander. Un propriétaire agriculteur qui élève des veaux et fait en grand le commerce des veaux gras m'a assuré que les veaux nourris à la fécule, qu'il achetait sur les marchés, étaient d'excellente qualité.

Un veau nourri de cette façon et ayant reçu du lait doux pendant quelques jours a eu les premiers prix dans les concours de veaux gras.

Aux environs de Saint-Lô, il y a environ six à sept ans que l'on connaît cette méthode; on emploie la fécule en mélange avec la farine de féverole et celle de froment. L'emploi de la fécule, bien que connu depuis cinq à sept ans, *ne s'est pas généralisé.* Cela tient peut-être au prix élevé du produit.

En un mot, ce n'est qu'exceptionnellement que l'on emploie la fécule dans la Manche.

ALIMENTATION DES PORCS.

La base de l'alimentation des porcs dans la Manche est formée par les sous-produits de la fabrication du beurre.

On ajoute à ces produits du petit lait, des eaux grasses, des farines diverses, de l'orge : et principalement du sarrasin.

Les éleveurs tenant à la qualité de la viande de porc font peu usage de farine de maïs et pas du tout usage ou très peu de farine de viande.

On donne aussi aux porcs des pommes de terre et on les laisse dans certains herbages situés près de la ferme.

SÉANCE DU 15 MARS 1898.

La séance est ouverte à 2 heures, sous la présidence de M. Eugène Mir.

Avaient pris place au bureau : MM. Tisserand, directeur honoraire de l'agriculture; Chauveau, inspecteur général des écoles vétérinaires; A. Ch. Girard, professeur à l'Institut national agronomique; Butel, vétérinaire à Meaux; Tainturier, membre de la Chambre syndicale du commerce en gros de la boucherie; Camille Leblanc, médecin-vétérinaire, membre de l'Académie de médecine; Mallèvre, secrétaire général; Georges Gallo, trésorier.

M. le Président. Je donne la parole à M. Dumont pour la lecture de sa communication sur l'alimentation des veaux d'élevage et de boucherie.

M. Dumont. Je parlerai d'abord des veaux d'élevage.

La sagacité de l'agriculteur doit surtout s'exercer dans le choix du jeune veau destiné à faire une vache laitière ou un reproducteur mâle. Si le veau provient de son étable il sait à quoi s'en tenir; si c'est une femelle et que la mère n'était pas bonne laitière, il ne faut pas hésiter à le sacrifier. Si le veau est acheté, il faut s'enquérir de son origine, chercher à connaître ses ascendants, aussi bien mâles que femelles, et puisque l'on a le choix, n'élever que des sujets provenant de reproducteurs émérites. Dans ces conditions, il faut faire peu de cas des apparences du jeune âge; combien de veaux médiocres sont encore élevés, alors que de bons prennent le chemin de l'abattoir!

Je ne veux pas m'étendre outre mesure sur l'élevage des veaux, mais je veux essayer de résumer la question et rappeler quelques principes que l'on oublie facilement. Avant tout il faut donner une nourriture proportionnée à la puissance digestive du jeune. Trop souvent encore, après le sevrage, on donne au veau des aliments fibreux, des aliments grossiers, que sa mâchoire trop faible ne peut broyer, que son estomac trop débile ne peut digérer. Comme il digère et assimile peu, il est forcé de manger beaucoup; il s'entraîne dans ce sens; aussi son ventre prend du volume, il devient *pansard*. Ce jeune animal, qui a été habitué à manger des fourrages grossiers, sera bien plus difficile à engraisser dans l'avenir, tandis que si on lui avait donné des aliments en raison de sa puissance d'assimilation, il serait devenu un animal à plus grand rendement.

Une autre cause d'insuccès dans l'alimentation des bêtes d'élevage est la préparation défectueuse des aliments. Comment opère-t-on d'habitude après le sevrage? On donne au veau du lait écrémé, aigri et tiédi avec un peu de son; d'autres éleveurs diluent le lait écrémé avec des eaux de vaisselle et relèvent la richesse du liquide par l'addition de farines ou de remoulages. Bien souvent, dans ces conditions, le jeune veau digère mal et ne profite pas autant qu'on le voudrait. Voici en deux mots à quoi cela tient : le lait écrémé abandonné à lui-même s'aigrit, s'acidifie d'autant plus vite que l'atmosphère est plus chaude et plus humide. Il donne par la décomposition de la lactose ou sucre de lait, de l'acide lactique, dont les animaux ne s'accommodent pas davantage que nous du vinaigre; bien plus, les sons, les farines, renferment des ferments, des germes nuisibles qui, arrivés dans l'estomac, trouvent un milieu favorable à leur développement: aussi ils se multiplient en quantité telle que les produits de déchets qu'ils occasionnent empoisonnent l'organisme. Le jeune animal contracte la diarrhée et souffre pendant longtemps, quand, parfois il n'en meurt pas.

A cette situation, il n'y a qu'un remède : l'administration de *lait écrémé doux et bouilli, la cuisson de tous les aliments que l'on donne à l'élève, le nettoyage soigné et à l'eau bouillante de tous les récipients qui servent à son alimentation.* Ces précautions sont vite prises dans la pratique, il n'y a que l'habitude qui en est difficile à contracter.

Avant d'aller plus loin, je dois dire que le veau dans son jeune âge doit boire le lait naturel au moins pendant une quinzaine de jours. Tout le monde est d'accord aujourd'hui pour admettre les effets purgatifs du premier lait (*colostrum*), servant à débarrasser les voies digestives des produits qui les ont encombrés (*meconium*) pendant la vie intra-utérine. Il n'y a pas grand sacrifice à faire boire le lait naturel la première huitaine, puisque ce lait n'est pas utilisable, et l'on fera bien de prolonger ce régime une huitaine encore, afin de permettre au veau de prendre de la force et de la résistance.

Aucun aliment, si bien préparé fût-il, ne peut remplacer le lait dans le jeune âge; c'est qu'en effet, dans le lait naturel, les matières grasses et la caséine sont en émulsion dans un grand volume d'eau; de même les matières minérales sont en dissolution. Les éléments nutritifs cardinaux sont donc sous une forme très assimilable, qu'il est presque impossible de réaliser dans la pratique. En gros, le lait renferme les éléments essentiels suivants, dans la proportion ci-dessous :

	PAR LITRE.
Matières grasses.........................	38 gr.
Caséine.................................	35
Lactose.................................	45
Matières minérales[1].....................	5

L'écrémage centrifuge, lorsqu'il est pratiqué à la ferme ou à l'usine, n'enlève au lait que la matière grasse, mais ce lait a encore une grande valeur pour la nourriture du bétail; il renferme la caséine, l'élément de force qui concourt à la formation des muscles; la lactose, substance ternaire ou respiratoire de grande valeur; et enfin les matériaux constitutifs de l'os. Il suffit de lui rendre 35 grammes de matière grasse, sous une forme assimilable, pour parfaire à nouveau sa composition.

Le lait ayant une relation nutritive voisine de 1/3 (c'est-à-dire que si nous avons 1 de matières azotées dans la ration, nous devons avoir 3 de matières non azotées) il faut donner au jeune animal des aliments qui se rapprochent de cette relation nutritive. Nous allons montrer les combinaisons que l'on peut réaliser, et pour l'intelligence du sujet nous le subdiviserons en quatre parties principales :

1° *Alimentation au lait écrémé doux avec complément à base de matières grasses.* — Une graine oléagineuse, celle de lin, est très riche en matières grasses (40 p. 100 et 20 p. 100 de féculents); elle peut être additionnée au lait écrémé et lui restituer une partie des matières grasses perdues. Mais on ne peut guère la fournir qu'à la dose de 15 grammes par litre, car en plus grande quantité elle serait trop laxative.

M. Martin, directeur de l'École de laiterie de Mamirolle (Doubs), va plus loin; il remplace la matière grasse par de l'huile végétale ajoutée au lait écrémé.

2° *Alimentation au lait écrémé doux avec complément à base de matières fécu-*

---

[1] Dans les 5 grammes de matières minérales, il y a environ 2 grammes d'acide phosphorique.

lentes. — Dans cette catégorie nous n'avons que l'embarras du choix, aux farines des trois céréales (blé, seigle, orge) qui renferment de 60 à 70 p. 100 de matières hydrocarbonées utiles et 10 à 12 p. 100 de matières azotées, nous pouvons ajouter la farine de maïs, la farine ordinaire de riz, la *farine bise de riz* et les pommes de terre. Ici ce sont les féculents qui remplacent la matière grasse. La farine de maïs, préalablement bouillie, à la dose de 250 à 600 gr. par jour, rend de signalés services. Il en est de même du riz cuit ou préférablement de la farine bise de riz, dont on peut donner un poids journalier allant de 300 à 800 grammes selon l'âge et la taille.

La farine bise ou issues de riz est plus alibile que le riz lui-même; j'ai jugé utile d'en faire une analyse et de la mettre en parallèle avec celle du riz. Voici ces deux analyses, que j'ai effectuées au laboratoire de MM. Denaiffe, à Carignan (Ardennes) :

		RIZ DÉCORTIQUÉ.	FARINE BISE DE RIZ.
Eau		13.000 p. 100	13.000 p. 100.
Matières	azotées	7.991	11.967
	grasses (expression à l'éther)	0.261	6.142
	cellulosiques	1.601	3.097
	minérales	0.487	4.176
	hydrocarbonées	76.660	61.618
TOTAL		100.000	100.000

De ces analyses, il résulte que la farine bise de riz est beaucoup plus riche en *azote, matières grasses et matières minérales* que le riz ordinaire. L'azote et les matières minérales, que l'on ne saurait trop fournir dans le jeune âge, se localisent donc dans les enveloppes du grain.

La conclusion qui s'impose est d'accorder la préférence à la farine bise plutôt qu'au riz, d'autant plus que le prix de revient de cette farine n'est guère que moitié de celui du riz. Nous devons cependant reconnaître, pour être juste, que le coefficient de digestibilité n'est peut-être pas très élevé dans la farine bise, mais la mouture et la cuisson doivent en faciliter l'assimilation. J'ai mené une campagne de presse agricole en faveur de cette farine, il y a deux ans, dans les Ardennes, et, je suis heureux de le dire, elle a donné de bons résultats. Cette farine jouit actuellement d'une assez grande faveur dans les environs de Sedan.

Dans ces derniers temps, M. Égasse, un agriculteur distingué, a obtenu de bons effets de la pomme de terre cuite, réduite en purée, et mélangée au lait écrémé. Cette ration, il faut l'avouer, est très économique.

3° Alimentation au lait écrémé doux avec complément à base de matières azotées. — Les légumineuses et notamment les fèves, féveroles, les pois, les lentilles donnent des graines très riches en azote et riches aussi en féculents; ils contiennent de 24 à 28 p. 100 d'azote et une proportion de matières hydrocarbonées oscillant entre 50 et 60 p. 100. Les féveroles se distinguent entre toutes par leur haute teneur azotée (28 p. 100 de matières azotées), alors que les fèves, les pois et les lentilles renferment une proportion ne s'écartant guère de 24 p. 100.

En raison de leur grande valeur nutritive, les farines de légumineuses doivent être distribuées à dose moins élevée que les féculents; 200 à 400 grammes par jour et par tête devraient suffire pour l'alimentation supplémentaire de veaux de 1 à 3 mois.

A côté des légumineuses se placent les tourteaux. Pour les jeunes bêtes d'élevage tous les tourteaux ne conviennent pas; trois seulement peuvent être distribués avec profit, ce sont : les tourteaux de lin, les tourteaux d'œillette et ceux de coprah. Ces derniers sont moins riches en matières azotées que les deux premiers (22 p. 100 au lieu de 32 à 35), mais ils ont un goût agréable qui les fait rechercher des animaux et qui permet de les distribuer à dose un peu plus élevée que ceux d'œillette ou de lin. Les tourteaux pour jeunes bêtes ne doivent s'administrer qu'à la dose de 100 à 300 grammes par jour et par tête.

Il est enfin un autre produit, la *farine de viande*, qui est éminemment riche en azote, mais elle contient parfois des produits de déchets, des ptomaïnes qui peuvent causer de graves désordres sur l'organisme. M. Bouscasse, professeur d'agriculture à l'École nationale d'agriculture de Rennes, m'a signalé des accidents survenus à de jeunes porcs nourris à la farine de viande. Force lui fut d'abandonner cette nourriture et de n'en faire usage que pour des porcs adultes. Il faut cependant reconnaître que l'estomac du porc est moins délicat que celui du veau.

Malgré tout, nous ne voulons pas proscrire ce produit, et lorsque l'on est sûr de son innocuité, nous estimons avec M. Gouin qu'il y a grand avantage à l'employer. Une ration journalière de 150 à 300 grammes par tête doit donner de bons résultats.

4° Alimentation au lait écrémé avec substances azotées et ternaires en mélanges, données en complément. — L'alimentation complémentaire avec farineux purs ou substances azotées seules ne semble pas réaliser la conception d'une ration parfaite. A mon avis, il est bien préférable d'associer les deux groupes d'aliments. A cet effet l'on pourra constituer des rations économiques et avantageuses en nombre considérable. M. Gouin nous en a donné quelques spécimens dans le premier bulletin de la *Société d'alimentation rationnelle du bétail.* A la purée de pomme de terre, à la graine de lin, au riz, au maïs, l'on fera bien d'ajouter soit un peu de tourteau, de farine de viande, soit encore une farine de légumineuses.

L'association des *farines de riz* et de *féveroles*, au lait écrémé doux, dans la proportion de 150 à 300 grammes de chacun des constituants, donnera un mélange précieux bien adapté à l'alimentation des veaux. Le riz fournit en abondance les hydrates de carbone qui peuvent se substituer à la matière grasse, ainsi que l'ont montré les belles recherches de M. A. Girard, tandis que les féveroles donnent l'azote, l'élément constitutif des tissus.

Nous jugeons intéressant de donner deux bons types de ration employés en Angleterre. La première ration est empruntée à M. Turnbull. Pendant six semaines le veau prend le lait pur, ensuite on lui donne une bouillie composée de deux tiers de farine de seigle et un tiers de farine de lin, toutes deux délayées dans du lait écrémé doux. L'alimentation au lait pur pourrait à mon avis durer moins longtemps.

La deuxième ration, un peu modifiée, est extraite du *Livre de la ferme* de Stephens, la voici :

7 litres de lait frais pendant 15 jours.

10 litres de lait écrémé, 150 grammes de farine de lin, 150 grammes de farine de fèves ou féveroles pendant les six semaines qui suivent.

Dans cette dernière ration les éléments importants sont encore heureusement combinés ; la graisse est fournie par la graine de lin et l'azote par le lait et les fèves. Ces dernières pourraient être remplacées par de la farine de pois par exemple.

Avant de clore ce chapitre nous rappellerons que dans le sud du département de la Marne et le nord du département de l'Aube, on remplace souvent tout ou partie du lait frais ou écrémé par du *thé de foin*, décoction de foin dans l'eau bouillante. Les jeunes veaux sont avides de cette boisson, car elle est très appétissante ; de plus, les sels du foin étant très solubles, sont dissous presque en totalité par l'eau et concourent à la formation de la charpente osseuse du jeune animal.

On le voit, d'après cet exposé, l'on peut entreprendre des essais pour juger des formules les plus économiques et produisant les meilleurs effets. Cependant, ce dont il importe de se pénétrer avant tout, c'est qu'il ne faut jamais lésiner dans l'alimentation des jeunes; c'est d'elle que dépend le succès futur. C'est le cas ici de rappeler que *si bien nourrir coûte cher, mal nourrir ou nourrir à demi coûte encore plus cher.*

Jusqu'alors nous n'avons pas établi de distinction entre l'alimentation des reproducteurs mâles et femelles. Nous devons, pour être complet, dire que les femelles veulent être nourries moins copieusement dans le jeune âge que les mâles. Nous ne demandons pas qu'on les prive de nourriture comme dans certaines régions des Flandres ou de la Bretagne, mais nous pensons qu'il serait bon de restreindre la quantité de féculents ou de matières grasses administrée aux vêles, afin de diminuer la tendance des animaux à prendre la graisse dans le jeune âge. La principale destination des femelles est la production du lait; or, il ne faut pas l'oublier, si on laisse dominer une aptitude, c'est aux dépens d'une autre. Je le répète, ne favorisons pas la propension à prendre la graisse, car elle serait nuisible à la faculté laitière. Les veaux d'élevage femelles, à mon avis, seraient suffisamment nourris après le sevrage, avec du lait écrémé additionné de purée de pommes de terre. Mais comme les racines renferment peu d'acide phosphorique, la ration précédente n'en fournira peut être pas suffisamment à la jeune bête, aussi l'on ferait peut être bien de donner à la mère 20 à 30 grammes de phosphate de soude par jour pour augmenter la richesse du lait en acide phosphorique.

A ce propos que l'on me permette d'ouvrir une parenthèse : les fourrages sont d'autant plus riches en acide phosphorique que les sols d'une région donnée renferment cet élément en plus grande quantité; aussi dans les régions granitiques où cet élément fait souvent défaut, les fourrages et par contre-coup les laits produits se ressentent fortement de cette tache originelle. Dans ces conditions particulières, le lait naturel ne suffit même plus à l'alimentation phosphatée du veau et il serait peut-être bon, comme précédemment, de parfaire la ration si l'on ne veut pas retarder la croissance de la jeune bête ou ce qui serait encore préférable phosphater à pleines mains les sols pauvres en acide phosphorique. Ce serait le moyen le plus pratique d'enrichir les fourrages en cet élément et de bien satisfaire l'alimentation phosphatée des jeunes animaux.

Il est une autre question sur laquelle je n'ai pas insisté : c'est la façon de faire ingérer ces farineux sans inconvénients. Mélangées au lait écrémé, les farines tombent au fond du récipient; il est bon alors de plonger la main dans le seau ou le baquet pendant que le veau boit et de remuer les farines. De la sorte, elles restent en suspension dans le liquide, elles sont absorbées en mélange intime avec ce dernier et sont plus facilement digérées.

Dans mon étude je n'ai envisagé que la question d'alimentation des veaux dans le jeune âge, c'est-à-dire, au plus tard, jusqu'à six mois; je termine donc ici la question d'alimentation des bêtes d'élevage.

Veau de boucherie et notamment « veau de Paris ».

Il est un genre de spéculation assez développé en Champagne : nous voulons parler de l'élevage du veau de Paris. Cet élevage ayant été très bien traité dans le cours professé par M. Ledoux, à Grand-Jouan, nous allons le résumer ici en y ajoutant nos observations personnelles.

En général, en province, on ne garde guère les veaux au delà de six semaines et bien souvent encore les laitiers, qui retirent ordinairement plus de profit de la vente du lait, s'en débarrassent beaucoup plus tôt; il y a un danger de ce côté pour l'hygiène publique, car non seulement la viande d'animaux aussi jeunes n'est pas nutritive, mais elle est laxative par-dessus le marché.

Il est bien entendu que l'élevage du veau ne doit être préféré qu'autant qu'on ne puisse vendre le lait en nature à un prix assez rémunérateur et que la fabrication du beurre ou du fromage ne fasse non plus ressortir le litre de lait à un prix plus élevé que dans l'élevage.

Ce veau de Champagne, gardé en moyenne par l'éleveur 10 à 12 semaines, se vend toujours plus cher au kilo que le veau de province de six semaines. Il a toujours, sur le second, une valeur supérieure de 0 fr. 15 à 0 fr. 20, et pour que l'élevage soit avantageux, les bons éleveurs estiment que le lait doit être payé au minimum 0 fr. 13 le litre par l'animal à l'engrais. Depuis quelques années ce chiffre a été facilement atteint, car le veau de province a toujours valu au minimum 1 franc le kilogramme.

Deux moyens se présentent pour l'élevage : 1° faire prendre le lait à la mamelle; 2° élever le veau au baquet.

Le premier mode est surtout usité en Champagne; dès sa naissance le veau ne prend que le lait de sa mère; au bout de 15 jours, si la nourrice ne donne pas suffisamment de lait, on lui donne une deuxième vache à teter et quelquefois plus tard une troisième. Au début, le jeune animal n'a guère besoin de plus de 8 litres de lait et cette quantité suffit pour donner un accroissement moyen de un kilogramme; on augmente progressivement les doses de façon à arriver au troisième mois à une ingestion journalière de 15 à 20 litres de lait. Le point capital est de nourrir à satiété sans arriver au dégoût.

Les veaux à l'engrais doivent être dans une case étroite, afin d'éviter les mouvements désordonnés, lesquels occasionnent toujours des pertes; ils doivent également être munis d'une muselière afin de n'être pas tentés de manger leur litière; enfin il faut les brosser tous les jours pour éviter les irritations qui sont aussi préjudiciables à l'engraissement. Il est bon dans ce cas d'ajouter, de temps à autre, des œufs au lait; ces œufs, donnés avec la coque broyée, ont l'avantage d'enrichir le lait en albumine assimilable et en phosphate de chaux; de plus, les carbonates et les phosphates de chaux, ainsi ingérés, neutralisent l'acidité de la caillette et préviennent souvent la diarrhée.

Ce dernier but est également bien rempli par les *boulettes alimentaires champenoises* qui sont à base de farineux et dans lesquelles entre une légère proportion de craie pulvérisée.

Plus le veau est gardé longtemps, meilleur il est; seulement l'accroissement s'amoindrit de plus en plus, tandis que la consommation augmente. Un agriculteur de l'Ain a constaté un accroissement de :

Du 1ᵉʳ au 18ᵉ jour..	1ᵏ200
Du 19ᵉ au 25ᵉ jour..	1 390
Du 26ᵉ au 35ᵉ jour..	0 960

Un vétérinaire de Lille a relevé l'augmentation suivante : 3 p. 100 du poids vif dans les premiers jours; 1 p. 100 à la fin du deuxième mois, 0.70 p. 100 à la fin du troisième. Heureusement que l'unité de viande se paie en raison du fini de l'engraissement et que dans les dernières périodes le rendement, c'est-à-dire le pour cent en viande nette, augmente également.

Souvent on a conseillé de substituer au lait des farines, des grains cuits, du pain, des soupes, du lait écrémé; mais aucun de ces succédanés n'a, paraît-il, donné les résultats obtenus avec le lait pur. Dans ces conditions, la viande est moins blanche et moins savoureuse. L'on peut reconnaître la substitution à l'examen des muqueuses qui sont moins pâles qu'avec le régime du lait naturel.

Trois méthodes d'engraissement mixte ont cependant été expérimentées avec succès. La première, préconisée par M. Tisserand, conseiller d'État, ancien directeur au Ministère de l'agriculture, a été pratiquée dans les fermes impériales des environs de Châlons. Elle consistait à remplacer une partie du lait pur par la farine de maïs préalablement cuite. Le premier mois le lait était donné sans addition de farine de maïs; au commencement du deuxième mois, on remplaçait une partie du lait par 250 grammes de farine pour arriver à la dose de 500 grammes à la fin du deuxième et de 1 kilogramme à la fin du troisième.

Cette méthode, expérimentée sur 18 veaux à la fois, a donné des résultats plus que satisfaisants, et 29 kilogrammes de maïs seulement ont remplacé 300 litres de lait; l'économie de ce chef a été très sérieuse.

Les deux autres méthodes dues à l'initiative de M. Gouin, éleveur distingué de la Loire-Inférieure, consistent dans l'addition au lait écrémé doux de 50 grammes de farine de viande ou de fécule par litre de lait écrémé. Les résultats ont été excellents, paraît-il. La chose ne doit pas nous surprendre, surtout en ce qui concerne la combinaison avec la fécule. Ce qui fait, selon moi, la supériorité du lait ordinaire sur les préparations artificielles, c'est le nombre restreint de germes nuisibles qu'il renferme et sa facile assimilation. La solution du problème, ainsi que je l'ai déjà exposé, doit résider dans la stérilisation des produits donnés au veau et dans la facile assimilation des matières alimentaires complémentaires. Il faudrait viser à écarter de l'alimentation les produits peu digestes, la cellulose brute et les matières azotées contenues dans les écorces des grains. Il faudrait favoriser la *saccharification* des féculents par leur mouture, leur macération, leur addition de malt d'orge broyé et le tiédissement de la masse pendant un temps assez long. A ce propos, qu'on me permette encore une digression. L'intestin de l'enfant nouveau-né ne possède de *glandes en tube* secrétant le suc intestinal [1] qu'au bout de deux mois au moins; aussi jusqu'à cet âge il ne digère pas les matières amylacées, celles-ci traversent intactes le tube digestif, l'encombrent et sont souvent une cause de diarrhée. Il serait curieux de savoir, par des expériences anatomiques, si l'intestin du veau à la naissance est déjà pourvu de glandes en tubes et, dans la négative, à quelle époque de la jeunesse elles prennent naissance. L'on pourrait également, à titre de contrôle, examiner au microscope les bouses des jeunes animaux nourris à la fécule; on serait de la

---

[1] C'est le suc intestinal qui a la propriété de transformer les féculents en sucs réductibles.

sorte fixé sur le moment auquel il conviendrait de commencer l'alimentation
à base de farineux.

J'avais songé à réunir dans un tableau la somme totale des matières digestibles fournies dans les rations que j'ai préconisées, mais j'estime que cette publication allongerait inutilement mon travail.

On le voit, le champ ouvert aux expérimentations est encore vaste de ce côté, et d'autres substances devraient donner d'aussi bons résultats que la fécule. Le riz, les cassures propres de riz additionnées d'un peu de graine de lin devraient engraisser aussi bien que la fécule et surtout plus économiquement. J'avais l'intention de me livrer à des expérimentations cette année, mais je n'ai pu trouver les éléments nécessaires dans la circonscription où je professe.

Pour être complet, je vais donner un traitement simple et pratique de la diarrhée, traitement préconisé par M. Ledoux. Chaque année les agriculteurs payent un si large tribut à cette maladie qu'il n'est pas permis d'ignorer les moyens de la conjurer.

Au début de la maladie la diarrhée peut ne pas être tangible ; cependant le mufle est sec, le poil est piqué, rebroussé, les excréments sont durs, car il faut le dire une diarrhée commence toujours par une constipation. Voici le traitement en question :

1° *Neutralisation des acides des voies digestives avec de l'eau de chaux.* — Il suffit de se procurer de la bonne chaux grasse et vive, d'en faire éteindre un morceau sur une assiette et de verser la poudre obtenue dans une bonbonne de 8 à 10 litres de capacité. On remplit d'eau et on remue le tout deux à trois fois par jour. Au bout de quelques jours on décante le liquide clair et on le met dans un flacon bouché. On obtient ainsi de l'eau de chaux limpide qui est administrée en breuvage avec un peu de lait à la dose de 1/4 à 1/2 litre par jour selon la taille et en deux fois.

2° *Administration d'un désinfectant.* — Ce désinfectant est destiné à tuer les microbes, causes du mal. Dans ce cas le désinfectant le plus cher est le meilleur marché. On peut se servir de salol et le donner à la dose de 3, 4, 5 grammes par jour selon la taille, en commençant toutefois par 1 gramme.

Cette médication ne nuit pas tant que les urines sont claires ou légèrement jaunâtres, mais il faut la cesser dès qu'elles deviennent brunâtres parce qu'alors il y a commencement d'intoxication ;

3° *Terminer la médication par une légère purgation si l'animal n'est pas trop exténué.* — Cette purgation a pour effet d'éliminer les produits de déchets secrétés par les microbes. On administre alors 40 à 50 grammes de sulfate de soude par jour, en commençant, toujours au début, par une dose modérée, soit 15 à 20 grammes. J'ai conseillé ce traitement à beaucoup d'éleveurs qui en ont obtenu de bons résultats. Je n'ai eu d'autre pensée en le publiant que de permettre aux agriculteurs de parer de suite aux accidents, toujours trop nombreux chez les veaux.

ÉCONOMIE RÉSULTANT DE L'EMPLOI DES FARINEUX OU D'AUTRES MATIÈRES ALIMENTAIRES.

Nous sommes en mesure d'affirmer, sans crainte d'être contredit, qu'il y a une économie très notable à substituer dans une certaine mesure des farineux au lait pur. La farine de maïs, expérimentée autrefois sur une assez grande échelle, à Châlons, par M. Tisserand, a donné les meilleurs résultats. D'après des calculs sérieux, 29 kilogrammes de farine de maïs ont remplacé 300 litres de lait pur. En estimant le lait à o fr. 10 le litre (prix très bas) et la farine de maïs à 16 francs les 100 kilogrammes (prix assez élevé), nous voyons que 4 fr. 65 de farine de maïs ont donné le même résultat que 30 francs de lait, soit une économie de 25 fr. 35 grâce à la substitution. Il y a donc un bénéfice sérieux.

M. Gouin, avec du lait écrémé et des matières alimentaires complémentaires, telles que graines de lin, riz, farines de viande, tourteaux « n'a jamais dépensé plus de o fr. 11 à o fr. 12 par jour, la valeur du lait non comptée ».

Dans l'élevage du veau de boucherie, le même éleveur, avec de la fécule valant 40 francs les 100 kilogrammes (frais de cuisson compris), ne dépensait que o fr. 20 en employant 500 grammes de fécule par tête et par jour. De la sorte, en tenant compte de la valeur de la fécule consommée et du prix de vente du veau, le litre de lait écrémé doit « procurer un bénéfice de o fr. 06 ». (Voir *Compte rendu du premier Congrès.*)

Avec de la farine bise de riz valant en moyenne 12 francs le quintal et donnée à la dose journalière de 300 à 800 grammes, selon l'âge, on peut nourrir un veau d'élevage avec o fr. 036 à o fr. 064 par jour, en ne tenant pas compte de la valeur du lait écrémé. Il n'est guère possible d'obtenir de ration plus économique, si ce n'est dans le cas d'alimentation avec la purée de pommes de terre. Je pourrais établir d'autres calculs pour d'autres farineux, je m'en tiendrai là, certain de prêcher des convertis.

A propos de la valeur du lait écrémé qui constitue la base de mon système d'alimentation, que l'on me permette de revenir sur cette importante question, que l'on me permette de rétablir les faits, afin que l'on ne puisse mal interpréter ma pensée. Le lait écrémé, comme tous les fourrages d'ailleurs, a trois valeurs : une *valeur vénale*, une *valeur alimentaire théorique* et pour notre cas particulier une *valeur alimentaire pratique*.

La valeur vénale est très variable, elle peut être de o fr. 01 à o fr. 02 ; dans les centres miniers de Lens (Pas-de-Calais), dans quelques coopératives belges voisines de centres ouvriers, le lait écrémé doux est vendu o fr. 10 le litre. Il est destiné à être mélangé à une infusion de café dont on fait une grande consommation dans ces régions. J'avoue que dans certains pays de montagnes, le lait écrémé pourra ne pas trouver preneur et n'aura par cela même aucune valeur vénale.

Au point de vue théorique, on peut assigner aux matières azotées, ternaires et minérales que renferme encore le lait écrémé une certaine valeur, mais je ne veux pas m'appesantir sur cette valeur théorique dont les données seraient bien discutables. La meilleure appréciation du lait écrémé est certainement le *prix payé par l'animal*. L'on voudra bien admettre qu'un veau qui augmente d'un kilogramme par jour et qui consomme, outre le lait écrémé pour o fr. 20 de matières alimentaires paye brut, o fr. 80 le lait écrémé qu'il reçoit en supposant que le veau soit vendu sur le pied de 1 franc le kilogramme. M. Gouin a admis, on vient de le voir, que le litre de lait écrémé doit procurer un bénéfice de o fr. 06 par litre. Dans le Nord, les professeurs d'agriculture et M. Roux en particulier, estiment à o fr. 05 le litre de lait écrémé pour l'alimentation. M. Le Conte, dans les Ardennes, a trouvé le chiffre de o fr. 04 payé par l'animal. D'après des expériences personnelles, faites également dans les environs de Sedan (Ardennes), je me suis rapproché du chiffre de o fr. 05. Je suis convaincu que ce prix payé par l'animal varie beaucoup avec les régions, varie beaucoup avec l'animal lui-même, mais je n'ai eu en vue, en insistant sur ce point particulier, que de provoquer des expérimentations et de montrer le profit que l'on peut retirer de l'emploi du lait écrémé dans l'élevage des veaux.

D'après ce que je viens d'exposer, il est facile de voir que suivant les régions et les ressources dont ils disposent, les agriculteurs peuvent élever ou engraisser économiquement leur bétail. Il reste encore cependant, à ce sujet, d'intéressantes études à faire. En attendant, je prends la liberté de mettre en garde les éleveurs contre la tentation d'acheter certains produits vendus par le commerce sous les noms de *lactina, lactifer, farine lactée, farine lactique*. Ces produits ne sont ordinairement jamais de nature lactée; ils résultent presque toujours de l'association de farines azotées et de farines ternaires. Une farine lactée que j'ai vu vendre 125 francs les 100 kilogrammes au détail ne paraît être, d'après le docteur Delacroix, professeur de pathologie végétale à l'Institut national agronomique, qu'une mouture très fine de pisaille ou pois des champs. Il faut avouer que le quintal de pois est chèrement payé.

Puissent ces quelques considérations servir quelque peu la cause de l'élevage !

NOTE COMPLÉMENTAIRE.

UTILISATION DU LAIT ÉCRÉMÉ DOUX POUR L'ALIMENTATION DU POULAIN.

Les producteurs de beurre au moyen des écrémeuses centrifuges ne trouvent pas toujours l'emploi intégral de leur lait écrémé. S'ils se livrent à l'élevage du cheval, je les engage à donner aux poulains, chaque jour, de 10 à 15 litres de lait au sortir de l'écrémeuse et à titre de nourriture supplémentaire. M. Hennequin, un habile agriculteur de Sivry, près Nomeny (Meurthe-et-Moselle), en a fait l'essai cette année d'après mes conseils et s'en est très bien trouvé. Sur 3 poulains, 2 ont parfaitement accepté le lait écrémé, le troisième l'a toujours refusé. Les deux premiers sont de toute beauté alors que le troisième est beaucoup moins développé. L'influence s'est non seulement fait sentir sur la taille et la corpulence, mais aussi d'une façon remarquable et tangible sur le système osseux.

Dans les régions à laiteries coopératives, dans les fermes possédant une écrémeuse centrifuge, l'on peut donc trouver un nouvel emploi du lait écrémé. Cette utilisation d'un autre genre permettra de sevrer plus tôt les poulains, de ménager les poulinières et de poursuivre le régime lacté des jeunes animaux tout au moins jusqu'à l'apparition des premières molaires permanentes, jusqu'à six mois, jusqu'à l'âge où les poulains peuvent sans inconvénient changer de régime.

. . . .

M. LE PRÉSIDENT. Nous remercions M. Dumont de sa communication, qui d'ailleurs, il me permettra de le faire remarquer, confirme sur bien des points 'le savant rapport que nous a présenté l'année dernière M. le docteur Saint-Yves Menard sur le même sujet.

M. Gouin a la parole.

M. Gouin. M. Dumont dit que les glandes intestinales des jeunes enfants ne peuvent utiliser la fécule qu'au bout de deux mois. C'est bien possible je n'y entends rien. Tout ce que je sais, c'est que je donne de la fécule à mes animaux dès les premiers jours, et qu'ils s'en trouvent bien. Je crois connaître un peu cette question.

Ainsi, si un veau de huit jours, à qui j'ai supprimé entièrement le lait pur, le huitième jour, avait pendant ces huit jours gagné un kilogramme, il gagnera également un kilogramme au bout de huit jours de lait écrémé et de fécule. C'est donc que la fécule est utilisée, digérée dès l'âge de huit jours, et je pourrais citer non pas dix mais cent exemples de ce fait. En outre je m'amuse à recueillir les excréments et à voir ce que contient la matière sèche. Eh bien! je ne trouve jamais dans les excréments des veaux de huit et quinze jours de trace de fécule, c'est donc qu'elle a été utilisée dès ce jeune âge.

M. Dumont indique beaucoup de rations qui peuvent être données, en théorie, mais il y a toujours quelque chose qui m'intéresse, c'est de savoir comment les veaux digèrent ces rations-là. Je serais curieux de savoir si toutes les formules indiquées par M. Dumont ont été expérimentées par lui et s'il a été content de toutes, car il peut y avoir entre la théorie et la pratique des différences énormes. Une formule peut être excellente sur le papier, mais ce qu'il faut voir, c'est le résultat. Moi je n'en connais qu'une, mais je l'ai appliquée pendant deux ans; et elle a toujours donné toute satisfaction, et chez moi et chez les autres. Ce n'est pas que j'en tienne exclusivement pour la fécule! Je ne suis pas marchand de fécule du tout, par conséquent trouvez-moi autre chose de plus économique et j'en serai enchanté, mais jusque-là je ne connais rien de meilleur.

M. Dumont. Je puis répondre à M. Gouin que je me suis livré chez mes parents à des expériences très satisfaisantes, notamment sur la formule d'alimentation par le riz et la farine bise de riz. Une autre des formules citées a été expérimentée au camp de Châlons, les autres par des agriculteurs connus et importants.

Je ne peux répondre que sur ce que j'ai fait. Je n'en puis dire davantage.

M. Gouin. Je crois la farine de riz excellente, mais nous savons tous qu'elle a des propriétés quelquefois un peu resserrantes et qui finissent par produire un effet tout contraire. Elle peut donc être quelquefois bonne, mais je la crois dangereuse.

Quant à la farine de maïs, je serais porté à croire qu'elle doit être excellente, mais elle ne fera pas mieux que la fécule.

M. Lavalard. Messieurs, je veux faire quelques réserves sur l'alimentation des poulains préconisée par M. Dumont.

M. Dumont a dit qu'il n'avait fait que quelques expériences. Il faudrait bien prendre garde; ce n'est pas avec du lait écrémé qu'on peut nourrir de jeunes poulains. Tous ceux qui se sont occupés d'élevage savent que les juments et les ânesses ont des laits dont la composition diffère sensiblement des laits des autres espèces domestiques. Il faudrait donc prendre garde qu'en appliquant ce que veut faire M. Dumont on n'arrive à des déceptions très cruelles, d'autant plus cruelles qu'il s'agirait d'animaux s'approchant plus du sang, c'est-à-dire de pur-sang et de demi-sang.

Je tenais à faire cette réserve que je développerai l'année prochaine d'une manière plus large, mais je m'inscris dès aujourd'hui pour bien vous mettre en garde contre l'alimentation qui vient de vous être indiquée.

M. Dumont. Je demande à dire un mot sur cette alimentation. Elle était donnée en supplément aux animaux à partir de trois mois et demi. On s'arrangeait de façon que, vers le sevrage, les poulains vinssent prendre à la maison même le lait écrémé, et ils venaient comme des petits moutons prendre ce lait dont ils étaient très friands.

Je voudrais que vous puissiez voir les canons, les formes de ces animaux, leur charpente osseuse comme je les ai vus. Maintenant j'avoue n'avoir fait que très peu d'expériences. La question doit être soumise à de nouveaux essais.

M. le Président. C'est précisément ce que, en guise de conclusion, je me permettrai de proposer à l'assemblée. Il faut que des expériences soient faites en nombre suffisant pour que l'on puisse affirmer et recommander des résultats acquis. Voilà en quoi consiste l'attrait de la plupart des communications qui vous sont faites.

Nous allons passer à une autre question.

Je donne la parole à M. Cagny, vétérinaire, sur l'alimentation des chevaux de course.

M. Paul CAGNY fait en son nom et en celui de M. Desoubry, de Versailles, membre de la Société de médecine vétérinaire, la communication suivante :

Vous parler de l'alimentation d'animaux de luxe comme les chevaux de course, peut paraître un acte irréfléchi. Mais si l'on cherche un peu à se rendre un compte exact de leur hygiène, l'idée ne paraît plus ridicule. Les chevaux de course, et nous ne nous occuperons ici que des chevaux dits de pur-sang, et préparés pour les courses au galop, sont des animaux jeunes dont la croissance n'est pas terminée, soumis à un travail souvent excessif pour le développement de leur organisme.

La question du prix de revient de leurs rations étant secondaire pour leurs propriétaires, on a essayé toutes les substances possibles pour les maintenir en bon état et favoriser leur croissance, et expérimentalement on est arrivé à connaître des règles dont on s'écarte peu.

La connaissance de ces règles intéresse ceux qui entretiennent des chevaux pour en tirer profit. Ils pourront s'en inspirer, pour éviter des mécomptes dans leur exploitation.

Les denrées employées sont de premier choix, avoines noires pesant 50 kilogrammes à l'hectolitre, fourrages divers, paille, son, féveroles, graine de lin, orge, etc. On attache tellement d'importance à la qualité des aliments que les chevaux, lorsqu'ils voyagent pour aller courir, emportent leur avoine, leur paille, leur fourrage. Si cela était possible, l'eau destinée aux boissons les suivrait. En agissant ainsi, on évite l'inconvénient résultant du remplacement d'un aliment, d'une avoine par exemple à laquelle le cheval est habitué, par une autre, quand même elle serait de même qualité. On sait que tout changement dans la nourriture occasionne une diminution passagère de la quantité acceptée par l'animal.

Ces chevaux ne sont en général pas rationnés ni pour les aliments ni pour la boisson, mais on cherche à connaître la quantité dont chacun d'eux a besoin.

L'expérience a appris qu'il faut multiplier les repas; pour les chevaux à l'entraînement il en faut quatre ou cinq en moyenne et on leur donnera à boire deux fois en hiver et trois fois l'été. Au haras, il n'en est pas de même; on s'arrange pour que partout et toujours les animaux jeunes ou adultes aient de l'eau à leur disposition.

J'ai dit que les repas étaient au nombre de quatre ou cinq; il est préférable que deux soient plus forts que les autres. Pour connaître l'appétit de chaque cheval, lorsque l'on a constaté qu'il consomme tout ce qu'on lui donne, on augmente un peu l'un des repas; s'il continue à tout absorber, on augmente un peu plus ce repas, ou on ajoute à un autre. Lorsque la ration est bien établie, il suffit parfois d'ajouter un demi-kilogramme d'avoine à un repas pour trouver des restes au bout de deux ou trois jours, si ce n'est pas dès le premier jour.

« Pour les personnes habituées à entretenir des chevaux de trait, gros mangeurs, dont certains ne sont jamais rassasiés, cela peut paraître extraordinaire; mais les chevaux de course ont toujours été bien nourris depuis leur naissance; leurs ascendants ont été entretenus dans les mêmes conditions et ils possèdent naturellement une aptitude digestive de premier ordre, qui leur permet d'assimiler très bien ce qu'ils consomment.

On trouve cependant dans le nombre de gros mangeurs que l'on est obligé de rationner.

1° LE HARAS. — ÉTALONS. — POULINIÈRES. — POULAINS.

Les renseignements ci-dessous nous ont été fournis par M. Duret, qui dirige le haras du Jardy appartenant à M. Ed. Blanc. Il y a au Jardy en moyenne 8 étalons et 6o poulinières. De janvier à juin, le nombre des étalons n'est plus que do 4, mais il y a 2oo poulinières et poulains.

1° RÉGIME DES ÉTALONS.

A. *Pendant le repos, du mois de juin au 15 janvier environ.*

Avoine	5 litres.
Foin	5 kilogr.
Paille	5 —

Trois fois par semaine, on donne à un repas de 4 à 6 litres de mash (avoine, son, graine de lin, orge cuite).

Pendant la saison du vert, ils reçoivent du vert mélangé au foin dans la proportion d'un tiers de vert pour deux de foin.

Pendant la saison des carottes, on donne une fois par jour de ces dernières coupées en morceaux (3 litres) mélangées à l'avoine.

B. *A l'approche de la monte.*

Même régime. On augmente la quantité d'avoine, qui est portée alors à 8 litres par jour.

C. *Au moment de la monte et pendant la durée de celle-ci.*

Même régime. La quantité d'avoine est alors de 12 litres par jour.

2° RÉGIME DES POULINIÈRES VIDES.

Les poulinières vides sont, lorsque le temps est favorable, à la prairie. Elles reçoivent par jour :

Avoine	4 litres.
Foin.	5 kilogr.
Paille.	5 —

Deux fois par semaine, de 5 à 6 litres de mash.

3° RÉGIME DES POULINIÈRES PLEINES.

Même régime que les précédentes.

La quantité d'avoine est de 6 litres par jour.

A l'approche de la mise-bas, on remplace l'avoine par de la mash et du barbotage.

Les naissances des poulains de pur-sang arrivent en général en janvier, février et mars. Si l'on maintenait la nourriture sèche pour les poulinières, les poulains périraient dans les 24 ou 36 heures qui suivent la naissance, ne pouvant expulser le méconium qui, au lieu d'être fluide, formerait une masse dure comme la pierre.

4° RÉGIME DES JUMENTS SUITÉES.

Pendant les dix jours qui suivent la mise-bas, on ne donne que peu ou pas d'avoine. On remplace cette dernière par de la mash, du barbotage assez clair et des carottes. Passé ce délai, on donne de l'avoine dans la proportion de 8 litres par jour, 5 kilogrammes de foin et 5 kilogrammes de paille. Trois fois par semaine de la mash. Il est indispensable de donner du foin pour avoir du lait.

5° RÉGIME DES POULAINS DE LAIT.

Le poulain, vers un mois ou six semaines, commence à manger un peu d'avoine ou de mash. La quantité d'aliments qu'il ingère, il la prélève sur la part de la mère. Il en est ainsi jusqu'à l'âge de trois mois.

A cette époque, on lui donne une ration spéciale; on attache la mère pour que le poulain puisse à son aise manger sa ration.

La quantité d'avoine qu'on lui donne augmente graduellement jusqu'à six mois (époque du sevrage); elle est alors de 4 à 5 litres.

6° RÉGIME DES POULAINS SEVRÉS.

Il est bon de varier autant que possible leur nourriture. Un jour sur deux ils reçoivent des barbotages, un peu de mash chaude, des carottes coupées en petits morceaux; l'autre jour, on leur donne la ration d'avoine qui est, nous l'avons vu plus haut, de 4 à 5 litres, au début; on augmente cette quantité d'avoine d'une manière progressive. On estime en moyenne que la quantité d'avoine supplémentaire doit être environ d'un litre par mois. Cette quantité est cependant un peu forte. Le poulain, s'il en était ainsi, devrait recevoir au moment de son départ, à dix-huit mois, 18 litres d'avoine. Dans les haras, où préside une direction intelligente, cette quantité n'est jamais atteinte; la quantité d'avoine que le poulain reçoit au moment du départ pour le dressage oscille entre 12 et 14 litres.

On leur donne très peu de foin; le sainfoin et la luzerne leur conviennent admirablement.

Régime de la prairie quand le temps le permet.

Nombre des repas. — Trois en général; mais pour les poulinières et poulains laissés à l'herbage, pendant la belle saison, il n'y a plus que deux repas, un avant la sortie le matin, l'autre le soir à la rentrée.

2° L'ÉCURIE D'ENTRAÎNEMENT.

Voici ce que dit W. Day [1], un des meilleurs entraîneurs d'Angleterre, sur ce point :

En résumé, on doit donner aux chevaux cinq repas par jour composés

---

[1]. *Le cheval de courses à l'entraînement,* traduit par le vicomte de Hédouville. — Paris, E. Plon; 1881.

d'autant de bonne avoine vieille mêlée à de la paille hachée qu'ils peuvent en manger. On peut ajouter un peu de féveroles concassées ou de pois.

Pour compléter cette note, je vais reproduire ici les renseignements qui m'ont été donnés par deux des meilleurs entraîneurs que nous ayons en France.

Voici comment opère M. Richard Carter, entraîneur de M. H. Say. Sa manière de faire est intéressante à connaître, d'abord parce qu'il est maintenant un des doyens des entraîneurs, et aussi, parce qu'il a été longtemps agriculteur, et a su faire des comparaisons avec l'alimentation pratique en agriculture.

Il attache une très grande importance à la bonne qualité des aliments; je lui ai souvent entendu dire : «L'entraîneur le plus capable aura beau diriger avec habileté et surveiller avec soin l'entraînement de ses chevaux, il n'obtiendra pas de résultat, s'il néglige tout ce qui se rapporte à l'alimentation, et au bien-être de ses chevaux pendant leur séjour à l'écurie.»

L'écurie de courses dirigée à Compiègne par M. R. Carter comprend une quarantaine de chevaux.

Les chevaux mangent, en moyenne, 12 à 14 litres d'avoine par jour en 4 repas. Ils ont avec cela 2 portions de foin (1 à 2 kilogrammes chaque fois, 2 bottes et demie de paille 1er choix). Toute litière humide retirée 2 fois par jour et le fond de l'écurie bien balayé, 1 botte et demie de paille bien secouée est donnée comme litière et l'autre botte est dressée autour de l'écurie; le cheval mange l'épi où se trouve quelquefois un ou deux grains de blé, ce qui n'est pas nuisible, au contraire; pas de paille versée qui est poussiéreuse et nuit aux voies respiratoires. On mélange avec l'avoine une poignée de luzerne ou foin haché et une poignée de carottes coupées. Boisson à cette saison 2 fois par jour à discrétion; en été, 3 fois par jour; 2 fois par semaine, mardi et samedi, un repas de mash, composé de gros son, orge, graine de lin et avoine. L'orge et la graine de lin bien cuites sont versées sur le son et l'avoine très chaudes et bien mélangées dans un baquet; on recouvre avec un sac jusqu'au moment de la distribution (laisser reposer la mash une heure pour tremper l'avoine et le son); 6 litres de graine de lin et 12 litres d'orge pour 20 chevaux; 2 litres d'avoine et 4 litres de son par cheval. Au beau temps, c'est-à-dire en mai, comme il y a de la verdure, à chaque repas on donne au lieu de foin et de carottes hachées une bonne poignée de verdure hachée et de temps à autre, selon l'appréciation, une petite quantité de vert qu'on mélange au foin et quelquefois une pincée de pois ou féveroles concassés 2 fois par jour dans l'avoine. Comme verdure, on utilise aussi le cresson, le pissenlit et la chicorée, surtout pour les chevaux délicats.

En été, selon la température ou selon l'état du cheval, on donne quelquefois 2 mashs froides par semaine, son et avoine, ou une poignée de son sec avec l'avoine au lieu de verdure à 3 des repas pendant une journée. Certains chevaux font mieux avec l'orge et le lin concassés que cuits et mis en mash.

Les heures des repas sont maintenant à 6 heures du matin, une légère avoine une heure avant la sortie; à 10 heures, une bonne avoine; à 5 heures et demie, une avoine et à 7 heures et demie, une bonne avoine. Foin à 10 heures et à 7 heures et demie.

Voici maintenant comment procède M. Charles Bartholomew qui dirigeait à Chamant l'écurie de courses de M. A. Menier, écurie contenant 180 chevaux entraînés, les uns pour les courses plates, les autres pour les courses d'obstacles.

Lever des hommes et pansage à 5 heures du matin; vers 6 heures, chaque cheval boit 5 ou 6 gorgées d'eau et consomme 2 litres d'avoine avec une poignée de luzerne hachée que l'on mélange à l'avoine; de 7 heures à 9 heures, les chevaux sortent et font le travail d'entraînement. Au retour, ils consomment un peu de foin pendant qu'on leur fait un léger pansage, puis ils boivent à discrétion. En général, les chevaux boivent volontiers après chaque repas; mais pour chaque cheval, il y a une heure de la journée, toujours la même, pendant laquelle il boit de préférence; ceci fait, on termine le pansage.

3° CHEVAUX FATIGUÉS.

On leur donne un fort repas vers 10 heures ou 10 heures et demie. Pour un mangeur ordinaire (12 litres d'avoine par jour) ce sera 4 litres et toujours avec une poignée de foin haché, et en plus, suivant les goûts de chaque cheval, une poignée de son sec, ou de carottes hachées ou de verdure. Dans un coin du box on met une poignée de foin et le cheval est laissé en liberté et tranquille jusque vers 4 heures et demie. A ce moment, le chef des garçons passe dans chaque box et visite les mangeoires, il constate s'il reste de l'avoine; c'est ainsi que l'on arrive à connaître exactement la ration convenant à chaque cheval et à savoir de suite si l'un d'eux manque d'appétit ou est malade. Jamais le foin n'est mis dans un râtelier. On fait alors le pansage qui est terminé vers 6 heures, les chevaux sont abreuvés et reçoivent 2 litres d'avoine toujours avec les mêmes mélanges et restent attachés jusque vers 7 heures et demie. On leur donne alors la dernière ration d'avoine, 4 litres toujours avec les mélanges. A la dernière ration de foin on leur présente à boire et on les laisse en liberté dans leur box jusqu'au lendemain. Deux fois par semaine, le repas d'avoine du soir est remplacé par une mash chaude (voir plus haut).

Pour tous les chevaux, le premier et le troisième repas sont de 2 litres d'avoine; pour les gros mangeurs, on augmente la quantité des deux autres ou même on donne le soir un repas supplémentaire.

Les chevaux fatigués par l'excès de travail sont mis au repos, quelquefois même ils sont renvoyés à l'herbage, leur régime alimentaire est modifié, la quantité d'avoine est diminuée, parfois même elle est tout à fait supprimée.

Ils consomment alors des fourrages verts et des mashs avec son, farine d'orge, graine de lin.

M. Lavalard. Je viens d'écouter avec un certain étonnement la communication que vient de nous faire notre confrère M. Cagny. Je croyais trouver dans cette communication des indications précieuses sur ce que doivent faire ceux d'entre nous qui s'occupent de chevaux au point de vue de l'alimentation. M. Cagny a bien en effet apporté ses procédés et expliqué la manière de faire dans les écuries de course; malheureusement, j'ai constaté que dans ces écuries, comme dans les fermes, il existait bien des préjugés, quelquefois ils sont même beaucoup plus ancrés et plus difficiles à faire disparaître.

Le premier que je veux signaler est celui-ci : M. Cagny vous a dit qu'il n'y avait que l'avoine et le foin qui permettaient de nourrir des chevaux. Eh bien, je m'inscris absolument contre cette manière de voir. On peut très bien donner aux chevaux d'autre nourriture que du foin et de l'avoine. J'en parle savamment, et même au point de vue spécial des chevaux de course, car j'ai dirigé pendant vingt ans une écurie de courses; par conséquent, je puis savoir de quoi ils peuvent se nourrir.

Il y a des chevaux qui sont fatigués par l'avoine. M. Cagny vous a dit tout à l'heure qu'on leur donnait de 12 à 14 litres par jour. A ce propos j'ai noté la distribution qu'il a indiquée au début, et j'ai constaté que ses chiffres variaient. La distribution journalière peut monter jusqu'à 16 et 18 litres; c'est absolument une question de convenance. Vous avez des poulains de pur-sang à qui vous donnerez 10 litres, et à qui cela suffira, et d'autres qui

consommeront 2 o litres. M. Cagny a eu raison de dire que la puissance digestive des chevaux de course avait été développée par l'hérédité.

Mais je vous disais qu'un cheval pouvait être fatigué par l'avoine. J'ai même
eu entre les mains une pouliche qui est arrivée seconde au Grand Prix, il y a
une dizaine d'années. Cette jument, dont le nom m'échappe, était comme on
dit séchée par l'avoine, *sucée*, dans le langage des entraîneurs. Eh bien! je
l'ai mise à l'alimentation par le maïs, et, bien que continuant à travailler, elle
s'est remise très rapidement, les muscles ont repris leur développement et
leur consistance.

On vous a dit tout à l'heure qu'il ne fallait pas changer le grain donné aux
chevaux; c'est vrai en principe, mais je crois surtout qu'on n'apporte pas toujours assez de soin dans le choix des aliments. Je sais bien qu'il y a des entraîneurs qui emportent même leur eau à Deauville, sous prétexte que les chevaux ne voudraient pas boire celle du pays. Il suffirait d'un jour pour que le
cheval l'acceptât. Je comprends que le temps peut manquer; si vous arrivez
aujourd'hui pour courir demain, vos chevaux ne seraient pas acclimatés, mais
c'est la seule excuse.

Je tiens à déclarer qu'un cheval peut aussi bien se nourrir d'orge, de maïs,
et de féveroles, que de foin et d'avoine. Nous avons fait des expériences et
obtenu d'excellents résultats non seulement dans mon écurie de course, mais
dans l'armée, aux grandes manœuvres l'année dernière. Certains chevaux ont
même été nourris exclusivement au maïs et ont continué à manœuvrer dans
les mêmes conditions que ceux nourris à l'avoine.

M. Tisserand, notre ancien directeur de l'agriculture, doit aussi se rappeler les expériences que nous avons faites sur des poulains au camp de Châlons. Nous avions là de cent à cent cinquante jeunes poulains, tous âgés de
trois ans à trois ans et demi. On leur a donné des rations dans lesquelles en-
traient certaines quantités de féveroles, et nous avons obtenu des résultats
remarquables; ces chevaux se sont développés dans des conditions excellentes
tout en faisant beaucoup d'exercice tous les jours.

La grosse question c'est d'établir un rapport entre le travail et l'alimentation. Quelle que soit la ration, si le cheval fait beaucoup d'exercice, soyez certain qu'il la prendra toujours.

Permettez-moi de dire encore que je regrette de n'avoir pas entendu parler
de bascules dans les expériences citées tout à l'heure. Dans une écurie de
course, il devrait toujours y avoir une bascule où les chevaux passeraient tous
les jours. On verrait alors ce que j'ai trouvé, moi personnellement; on ver-

rait que dans les soixante premiers jours de la naissance le poulain augmente de 90 à 100 p. 100; que dans les soixante jours suivants il gagne environ 40 à 50 p. 100 de son poids à soixante jours; enfin qu'à trois ans la progression est encore de 25 p. 100 de son poids. Je ne continue pas, mais je pourrais aller ainsi jusqu'à la vieillesse. Je le disais encore ce matin à l'Institut agronomique, et c'est ce qui fait que je me rappelle les chiffres en ce moment. J'engage vivement mon collègue et ami M. Cagny à demander que toutes les écuries de course aient toujours une bascule pour leur permettre de se rendre compte tous les jours des progrès faits chez les animaux par l'alimentation.

Je ne veux pas vous tenir plus longtemps sur cette question, car je sais que l'ordre du jour est chargé, mais je tenais à faire ces réserves. (*Marques d'approbation.*)

M. LE PRÉSIDENT. La parole est à M. Grandeau.

M. GRANDEAU. Je voudrais ajouter un seul mot à l'observation très intéressante que vient de vous faire M. Lavalard. Il est évident que tous les chevaux ne mangent pas que de l'avoine et du foin; nous savons tous que les chevaux arabes mangent de l'orge, les chevaux américains du maïs, les chevaux italiens du *caroube*, etc., et néanmoins tous travaillent. Ce que je tiens à vous signaler, c'est un travail très intéressant de M. le commandant de Sainte-Chapelle, qui a longtemps habité l'Autriche, et qui a publié des détails très précieux sur l'entraînement des chevaux de course exclusivement au maïs.

Je voudrais demander à M. Cagny s'il ne serait pas possible de faire quelques essais directs pour étudier cette question, à Chantilly, par exemple.

M. CAGNY. M. Lavalard m'a prêté une opinion un peu exagérée. Je n'ai pas dit qu'on ne pouvait nourrir des chevaux qu'avec de l'avoine et du foin; j'ai simplement voulu dire que l'expérience avait appris aux entraîneurs que pour avoir de bons chevaux de course il était indispensable d'avoir comme base d'alimentation l'avoine et le foin. Je n'ai pas voulu dire autre chose. M. Lavalard a cité le fait d'une pouliche qui avait été trop entraînée, et à laquelle il a fallu cesser l'avoine; cela se voit tous les jours. Ce que j'ai donné, c'est la moyenne nécessaire pour les chevaux de course. Je sais bien que les chevaux arabes mangent de l'orge, mais j'ai voulu parler du cheval de course à l'entraînement. Il y a un grand inconvénient à donner cette ration, composée de foin et d'avoine, c'est qu'elle coûte très cher, et c'est pour cela que j'ai pris la précaution de dire en commençant que les propriétaires pourraient s'inspirer des principes que je posais en raison des capitaux dont ils disposent pour élever leurs animaux.

M. le Président. La parole est à M. Butel.

M. Butel. On n'a pas assez insisté sur certains points. L'entraînement d'abord se compose de deux choses : le travail, d'une part, qui permet aux qualités de l'animal de produire leurs effets, et l'alimentation qui permet de donner la somme d'efforts demandés par l'entraînement. Il est certain qu'on peut nourrir les chevaux de toutes sortes de façons, et M. Lavalard a eu raison de parler de l'orge, du maïs, etc., mais il s'agit de savoir quels seront, de chevaux entraînés à l'avoine et au foin et de chevaux entraînés par l'alimentation qu'on vous a indiquée, quels seront, dis-je, ceux qui suivront le mieux les épreuves de l'entraînement, qui résisteront le mieux à la fatigue, ceux en un mot qui se comporteront le mieux sur le turf. Car en somme peu importe le procédé d'entraînement; faire courir et gagner, voilà la grande affaire.

Il ne s'agit pas seulement d'avoir des chevaux présentant de belles formes, il faut que dans un espace de temps excessivement court ces chevaux déploient une force et une résistance extraordinaires, et qu'ils arrivent au poteau bon premier ou second.

Voilà pourquoi je crois, jusqu'à preuve du contraire, que la meilleure ration pour développer ces qualités, c'est l'avoine et le foin.

M. Lavalard. Je ferai remarquer seulement que M. Butel dit : « Je ne sais pas si on arriverait aux mêmes résultats. » Or M. Grandeau vient de vous citer l'exemple de l'Autriche, où le cheval de course est entraîné et formé comme je l'ai indiqué. J'ai fait d'ailleurs moi-même des expériences concluantes, et mon sentiment est celui-ci : « Donnez de bons aliments, quels qu'ils soient, à vos chevaux; celui qui gagnera le premier prix sera celui qui aura la plus grande puissance digestive et d'assimilation. » Voilà la vérité. Vous pouvez leur donner ce que vous voudrez, donnez-le leur en quantité suffisante et vous arriverez.

Ainsi cette année l'avoine est mauvaise, vous le savez comme moi, et en donnant une ration de cette avoine, dont l'enveloppe est plus forte que l'amande, vous donnez un tiers de nourriture de moins qu'avec une substance très bonne, comme le maïs, et qui serait tout entière digérée.

Je le répète, donnez de bon grain, de bon fourrage, et c'est le cheval qui aura la plus grande puissance digestive et d'assimilation qui arrivera bon premier.

M. LE PRÉSIDENT. Quelqu'un désire-t-il ajouter quelque chose aux observations qui viennent d'être présentées?... Si personne ne demande la parole je me permettrai de résumer et de dire que nous sommes en présence de deux opinions absolument nettes. La première, celle de M. Cagny, appuyée par M. Butel, soutient que la base de l'alimentation du cheval de course c'est l'avoine et le foin, et de première qualité. Les partisans de cette opinion s'appuient sur les expériences qu'ils ont faites, et surtout sur les habitudes des écuries d'entraînement.

En présence de cette théorie si nette se dresse celle non moins nette de MM. Lavalard et Grandeau, qui s'appuient sur des expériences faites en France et principalement, en ce qui concerne le cheval de course, sur celles faites en Autriche, pour affirmer que pour le cheval de course, comme pour tout animal de travail, un aliment quelconque, s'il est assimilable, donnera toujours d'excellents résultats.

Telles sont les deux opinions en présence desquelles nous nous trouvons. Il serait à souhaiter que les personnes plus particulièrement intéressées à ces questions fassent des expériences sur les points indiqués.

M. Tisserand, ancien directeur de l'agriculture, a la parole sur la même question.

M. TISSERAND. Je crois que ces Messieurs sont tous d'accord.

Qu'est-ce en effet que l'alimentation? C'est du combustible qu'on donne à une machine, et qui devra être dépensé de façon à produire le plus grand effet utile. Eh bien! ici ce sera l'avoine, ce sera le maïs, ailleurs l'orge, mais le point sur lequel il faut insister, c'est qu'il faut donner à la machine animale l'aliment susceptible de lui donner le plus de force et de vitesse dans un temps donné. Le problème consiste donc à chercher quel sera, dans une situation donnée, le meilleur aliment.

M. le Président a eu raison de le dire, c'est une source de recherches à faire, et dans lesquelles la zootechnie doit intervenir.

Un Membre présent. Je voudrais demander à MM. Grandeau et Lavalard si le maïs était donné entier ou concassé.

M. Lavalard. En entier.

M. le Président. M. le baron Le Pelletier (Château de Silly-la-Poterie, Aisne) avait demandé la parole pour faire une communication sur l'ensilage des fourrages dans la pulpe fraîche.

M. le baron Le Pelletier. Les fanes de carottes que j'ai l'honneur de présenter au bureau du Congrès de l'alimentation rationnelle du bétail ont été mises en fosses en octobre 1896; elles ont donc dix-huit mois de séjour dans la pulpe. On peut juger de leur parfaite conservation. Voici comment je *conserve* les fourrages.

Lorsque les pulpes fraîches arrivent des sucreries, en octobre ou novembre, on les met naturellement en silos. Silos soit en fosses, soit sur terre en élévation. On ramasse alors dans l'exploitation les fourrages verts existants encore : regains de luzerne plus ou moins avancés, souvent déjà avariés par une tentative assez malheureuse de fanage, maïs plus ou moins verts et souvent gelés, et enfin, fanes de racines dont on opère l'arrachage à ce moment.

Aucune règle fixe n'est suivie pour la mise en silos. On doit seulement tasser fortement les divers lits de pulpes et de fourrages; leur plus ou moins d'épaisseur est sans intérêt pourvu que la *bordure du tas* soit formée par de la pulpe, afin d'empêcher l'air de pénétrer dans la masse. Parfois, selon l'arrivée des équipages, on met jusqu'à un mètre et plus de fourrages. Aucune règle non plus pour fermer plus ou moins vite le silo qu'un lit de pulpe doit toujours terminer.

On recouvre le tout avec environ 30 centimètres de terre bien tassée. Dans cette terre on pose sur la pulpe quelques faguettes inclinées destinées à faire drainage pour enlever l'eau de la fermentation de la pulpe, fermentation qui ne tarde pas à se produire. Evidemment, une poignée de sel mise de temps à autre ne pourrait que rendre les silos d'une qualité meilleure.

Avantages. — Conservation certaine de fourrages fort divers qui seraient perdus, vu l'époque déjà avancée. Amélioration évidente desdits fourrages (déjà parfois avariés) due à la fermentation et à l'eau de la pulpe fraîche. Ainsi les tiges de maïs dures et ligneuses sont amollies et rendues plus sapides. Les collets et feuilles de betteraves cessent d'être trop diurétiques et enfin, chose fort importante dans certains pays, les regains de nos prés *bas* perdent leur acidité et sont, après ensilage, acceptés volontiers par les bovins.

Chose curieuse : je reçois des animaux de provenances bien diverses! Eh bien! qu'ils arrivent des montagnes de l'Auvergne, des prairies du Nivernais, ou de la Normandie, des champs de Maine-et-Loire ou de la Mayenne, *tous*, *dès leur arrivée*, sont très friands de ces fourrages ainsi traités.

Chacun sait quelle peine on a parfois à faire accepter la pulpe seule! Donc il y a quelque chose de particulier dans la fermentation alcoolique qui se produit dans les silos !

Quand les fourrages verts nous font défaut, nous les remplaçons par nos fourrages secs devenus les plus mauvais, soit par une conservation défectueuse, soit par leur nature même. Ils gagnent beaucoup de qualité et retiennent une grande partie de l'eau de la pulpe, ce qui est d'un intérêt *certain* surtout maintenant que l'on a prouvé la richesse des eaux de pulpe.

Ouverture des silos. — Après avoir retiré la terre, sur un mètre par exemple, on coupe avec le couteau à foin des tranches verticales, on a ainsi des carrés soit de pulpes soit de fourrages bien tassés qui ressemblent à des tourteaux. Si la proportion de pulpe est trop grande on ajoute un peu de menue paille. Si au contraire les fourrages dominent trop on ajoute de la pulpe avant de distribuer, sans quoi le bétail refuserait ensuite la pulpe (*Discussion*).

M. CAGNY. J'ai vu ces fourrages, et je me suis assuré que les animaux les recherchent avec plaisir. Sur des bêtes bovines ainsi nourries, j'ai fait une remarque curieuse, c'est que même en décembre et janvier les excréments avaient l'aspect et la consistance d'animaux entretenus à l'herbage pendant la belle saison.

M. LE PRÉSIDENT. M. Paul Cagny désire présenter une note sur l'avoine décortiquée.

M. Paul CAGNY. Un constructeur de Senlis, M. Bordier, inventeur d'un système de moulin à cylindre pour la transformation du blé en farine, a voulu fabriquer de la farine d'avoine, pour cela il a jugé indispensable de la décortiquer. Il m'a montré ses essais, surtout pour me faire constater la quantité considérable des produits de déchet; et après examen j'ai pensé que l'avoine décortiquée pourrait dans certaines conditions spéciales être utilisée pour l'alimentation des chevaux. Je vous présente des échantillons d'avoine décortiquée et des produits accessoires.

Supposons que l'on opère sur une avoine noire de première qualité déjà bien nettoyée, et débarrassée de la poussière et des graines étrangères. 100 kilogrammes de cette avoine donneront 75 kilogrammes de grains blancs, bien intacts (si l'opération a été bien faite), et 25 kilogrammes de déchets, à peu près ainsi composés : 20 kilogrammes de balles d'avoines et 5 kilogrammes de poils et poussières contenus dans la rainure du grain. Voilà les rendements moyens. Vous voyez que les grains sont entiers, ils ne sont ni concassés ni aplatis, cela est important, car le concassage, comme l'aplatissement de l'avoine, lui font perdre son principe excitant. M. Sanson a constaté que cette avoine décortiquée a une richesse normale en principe excitant. Les échantillons que je vous montre m'ont été remis il y a 3 ans ; ils sont conservés depuis ce moment dans des bocaux en verre, fermés seulement avec un couvercle en métal, et ont été placés dans une chambre où il n'a pas été fait de feu. Vous voyez que les alternatives de chaleur et de froid, de sécheresse et d'humidité de notre climat ne les ont pas altérés.

Je me suis assuré que les chevaux mangent volontiers l'avoine décortiquée au moins pendant quelques jours.

Je crois que sans tenir compte de la perte (les produits de déchet pourraient être consommés par les bêtes bovines), ni des frais de manutention l'usage journalier d'un pareil aliment ne pourrait être préconisé pour les chevaux. Pour en faciliter l'assimilation il serait indispensable de diminuer la quantité en volume et d'ajouter de la paille ou du foin haché. Mais les compagnies qui achètent des wagons ou des bateaux d'avoine auraient peut-être un bénéfice à faire décortiquer l'avoine avant l'embarquement à économiser un quart des frais de transport, à diminuer le volume de leurs approvisionnements, sauf à ajouter de la paille hachée, au moment de la distribution.

Je crois que c'est surtout pour l'armée qu'il y aurait intérêt à utiliser cette avoine pendant la guerre ou pendant les manœuvres. On cherche tous les jours à diminuer la charge que doivent porter les chevaux de cavalerie. Les chevaux de cuirassiers, par exemple, doivent partir avec 16 kilogrammes d'avoine. Or, après le nettoyage et le décortiquage, 100 kilogrammes d'avoine provenant des magasins ne fourniraient pas 75 kilogrammes d'avoine décortiquée.

Prenons cependant ce chiffre et nous verrons qu'il suffira de 12 kilogrammes d'avoine décortiquée pour représenter la même ration de départ. On pourrait faire la même diminution pour les rations qui suivent dans les voitures régimentaires.

J'ai pensé qu'il y avait là une question intéressante au point de vue militaire et que je devais profiter de la publicité des travaux du Congrès pour la soulever.

M. LE PRÉSIDENT. M. Grandeau a la parole.

M. GRANDEAU. Je voudrais entretenir le Congrès de l'emploi de la mélasse dans l'alimentation du bétail. Je désire profiter de la réunion du Congrès pour faire adopter par lui un vœu, que je vais prier M. le Président de mettre aux voix. Il s'agit de la diminution des droits sur la mélasse, afin qu'elle puisse devenir applicable à l'alimentation du bétail.

M. E. Tisserand vous disait tout à l'heure d'une façon excellente que l'objectif essentiel de l'alimentation du bétail était de donner aux animaux une alimentation qui produise à la fois l'énergie et la vitesse. Vous savez, Messieurs, que de tous les aliments, de tous les principes alimentaires, celui qui, par excellence, possède ces qualités, c'est la matière sucrée. Quel est le rôle du sucre dans la nature ? C'est précisément d'engendrer l'énergie dans l'organisme végétal comme chez les animaux. Il est démontré aujourd'hui que c'est sous forme de sucre que les substances introduites dans notre économie y donnent naissance à la chaleur nécessaire à l'entretien de la vie et à la production des mouvements.

La question du sucre et son rôle dans l'alimentation sont donc des plus importants.

Si nous avions la bonne fortune de trouver le moyen de faire disparaître le déficit qui résulterait pour l'État de la suppression du droit sur les sucres, nous ferions une œuvre excellente. Malheureusement il faudrait trouver les 255 millions qui représentent le droit d'impôt sur les sucres, à raison de 60 francs par 100 kilogrammes, qu'encaisse aujourd'hui l'État. Nous ne pouvons donc pas songer à demander la suppression du droit sur les sucres, bien que nous soyons en présence de ce fait grave que, sur une production de 700,000 tonnes de sucre, nous n'en consommons que 400,000, ce qui nous oblige à écouler chaque année 300,000 tonnes de sucre à l'étranger. De plus, nous sommes encore en présence de cette autre anomalie, qu'alors qu'un

Français paye la livre de sucre 1 fr. 20 et plus, l'Anglais paye le même poids de sucre seulement 0 fr. 50 à Londres.

Il est tout à fait regrettable d'avoir à constater une telle situation ; malheureusement on n'a pas encore découvert le moyen, pour le budget, de se passer des 255 millions que l'État perçoit chaque année sur les sucres.

Voici simplement le remède que je proposerai.

En France on produit environ 220,000 tonnes de mélasses indigènes, qui acquittent l'impôt d'après leur teneur en sucre, ce qui rend presque impossible leur introduction dans l'alimentation du bétail. Or on peut très bien donner, en moyenne, 3 kilogrammes de mélasse par jour et par animal, ce qui, pour une production de 220,000 tonnes, permettrait d'alimenter environ 2 millions de bovidés ; comme nous en avons à peu près 13 millions, l'emploi de la mélasse ne ferait concurrence à aucun autre aliment concentré. Je voudrais donc qu'un projet de loi fût présenté au Parlement, proposant de dégrever au delà de 14 p. 100, chiffre proposé actuellement, le droit sur le sucre contenu dans la mélasse, qui en renferme de 40 à 50 p. 100. Il me paraît utile de profiter de la réunion du Congrès pour obtenir une réduction sur le droit qui frappe le sucre tiré de la mélasse.

La grosse difficulté, celle qu'on oppose toujours aux demandes de diminution ou d'exemption de droits sur les matières soumises au fisc, c'est la crainte de la fraude. On nous objecte que les agriculteurs et ceux qui utiliseront les mélasses pourront en retirer de l'alcool, ce qui produirait encore un nouveau trou dans le budget. Je vous dirai que je ne suis pas très touché par cette objection, parce que je ne crois pas qu'une fois dénaturée comme fourrage, il soit bien facile et pratique de faire fermenter la mélasse et d'en retirer de l'alcool.

Un Membre présent. On exempte bien de droits le sucre de vendange.

M. Grandeau. Nous l'avons essayé, M. Aimé Girard et moi ; nous avons mélangé des carottes, du foin, etc., à de la mélasse, et nous avons constaté que l'extraction d'alcool de ces fourrages ne serait ni économique, ni pratique.

Il y a aujourd'hui trois ou quatre formes principales de la consommation des mélasses comme fourrage. En Allemagne, on fabrique un fourrage avec des cossettes de betteraves imprégnées de mélasse. Ce mélange contient de 30 à 35 p. 100 de sucre ; mais la mélasse y demeure assez soluble pour qu'on puisse l'en extraire facilement.

Certains agriculteurs arrosent leurs foins avec de la mélasse. Cette opération est délicate et donne lieu, dans la pratique, à certaines difficultés.

Enfin, il y a encore un troisième procédé également usité en Allemagne, et qui consiste à mélanger de la mélasse de première qualité avec une certaine quantité de tourbe fine. Ces trois procédés sont très usités à l'étranger; je n'y insiste pas. On fait aussi des pains à la mélasse qui contiennent de 15 à 30 p. 100 de sucre. Je crois que les mélasses valent en ce moment de 10 à 11 francs les 100 kilogrammes, mais, comme elles sont grevées de 30 francs de droits, il n'y a pas moyen de les utiliser comme il serait désirable qu'on pût le faire.

Je vous propose donc, Messieurs, d'émettre un vœu tendant à demander le dégrèvement de la mélasse; je l'ai formulé dans les termes suivants : «Le Congrès de la société d'alimentation rationnelle du bétail, considérant le rôle capital des matières sucrées dans la nutrition des animaux, émet le vœu : *qu'en attendant le dégrèvement de l'impôt énorme qui frappe le sucre*, l'introduction des mélasses indigènes dans l'alimentation du bétail soit rendue possible par la suppression ou tout au moins par une réduction très notable du droit sur les mélasses brutes. »

M. LE PRÉSIDENT. Si personne ne demande la parole, je vais relire le vœu de M. Grandeau et le mettre aux voix. (*Lecture du vœu.*)

Que ceux qui sont d'avis d'adopter ce vœu veuillent bien lever la main?... Avis contraire?...

Le vœu est adopté à l'unanimité.

Je me permettrai de recommander ce vœu à l'attention des parlementaires, s'il y en a parmi vous, pour qu'ils se chargent de le signaler aux pouvoirs publics.

Messieurs, nous passons maintenant à la question de l'influence de la castration des vaches laitières sur la production du lait.

La parole est à M. Nicolas, propriétaire de la ferme d'Arcy-en-Brie.

M. NICOLAS. En avril 1897, je me décidais à faire castrer 29 vaches, non seulement pour savoir si j'obtiendrais un plus fort rendement en lait, comme certaines personnes le pensent, mais aussi pour me rendre compte si une

7

vache à bout de lait, ou taurasse, ne gagnerait pas en poids, c'est-à-dire en viande.

18 vaches ont été castrées en avril 1897, 11 en mai 1897.

Sur les 18 vaches castrées en avril :

1 est morte le 16 mai d'une pneumonie gangréneuse.

Sur les 17 restant :

13, produisant peu de lait, étaient expérimentées au point de vue de la production viande ; elles ont été vendues dans l'espace de cinq à huit mois de la castration.

Voici le poids de ces vaches au moment de la castration et au moment de la vente :

VACHES NE PRODUISANT QUE PEU DE LAIT ET CASTRÉES POUR SE RENDRE COMPTE DE LEUR DÉVELOPPEMENT EN POIDS.

NUMÉROS DES VACHES.	RACE.	DATES des VÊLAGES.	POIDS À LA CASTRATION.	POIDS À LA VENTE.	GAIN.	PERTE.	DATES de LA VENTE.
			kilogr.	kilogr.	kilogr.	kilogr.	
35	Suisse	Av. 17 septembre 1896.	682	685	3	//	2 décembre 1897.
923	Normande	6 février 1897......	604	580	//	24	7 novembre 1897.
107	Flamande........	Av. 16 février 1897 ..	580	538	//	42	7 novembre 1897.
872	Normande	14 février 1897......	560	520	//	40	7 novembre 1897.
787	Normande	22 octobre 1896.....	608	580	//	28	7 novembre 1897.
785	Normande	17 octobre 1896.....	560	490	//	70	26 septembre 1897.
142	Suisse	9 décembre 1896....	535	512	//	23	5 janvier 1898.
139	Suisse	9 décembre 1896....	500	435	//	65	26 septembre 1897.
143	Suisse	9 décembre 1896....	549	560	11	//	19 janvier 1898.
76	Suisse	Av. 30 août 1896....	598	590	//	8	12 janvier 1898.
971	Suisse..........	Av. 15 mars 1897....	482	430	//	52	26 septembre 1897.
58	Symenthal	2 juillet 1896......	604	550	//	54	7 novembre 1897.
148	Suisse..........	25 décembre 1896...	662	650	//	12	22 décembre 1897.
			7,524	7,120	14	418	

DIFFÉRENCE EN MOINS OU PERTE : 404 KILOGRAMMES.

L'expérience n'a pas été favorable ; la perte en poids a été de *404 kilogrammes*, soit une moyenne de *31 kilogrammes* par tête en 291 jours ; je dois pourtant ajouter quelles étaient dans des conditions particulières : les unes avaient avorté, d'autres avaient mal délivré ou étaient taurasses; ce sont des vaches que je considérais comme perdues pour la production du lait.

Je puis maintenant affirmer qu'au point de vue de la production de la viande, il n'y a aucun intérêt à faire castrer des vaches, car même celles qui étaient en parfait état n'ont donné qu'un résultat négatif, ainsi qu'on le verra dans les tableaux suivants.

Au 1er février dernier, il restait dans mes étables, à Arcy, 15 vaches castrées.

Sur ce nombre, 7 ont été désignées pour servir de témoins avec 7 autres vaches *non castrées* et étant dans les mêmes conditions de race, de dates de vêlage et de production.

Voici la production en lait de 8 autres vaches indépendantes avec leur poids au moment de la castration, avril et mai 1897 et au 28 février 1898:

VACHES CASTRÉES EN AVRIL ET MAI 1897 POUR LA PRODUCTION DU LAIT.

NUMÉROS DES VACHES	RACE	DATES des VÉLAGES	LAIT AU VÉLAGE	LAIT À LA CASTRATION	AVRIL	MAI	JUIN	JUILLET	AOÛT	SEPTEMBRE	OCTOBRE	NOVEMBRE	DÉCEMBRE	JANVIER	PRODUIT EN LAIT	POIDS À LA CASTRATION	POIDS au 28 février 1898
			lit.	lit.											lit.	kilogr.	kilogr.
61	Flamande	27 octobre 1896	22	8	7	8	7	5	5	5	2	1	»	»	1,220	618	720
43	Suisse	29 décembre 1896	11	11	9	7	7	7	6	6	6	4	4	4	1,884	655	775
160	Normande	14 janvier 1897	14	8	8	7	6	6	6	5	»	»	»	»	1,159	585	590
83	Flamande	Av. 17 octobre 1896	9	6	5	6	5	5	5	5	5	»	4	2	1,280	730	780
10	Suisse	2 octobre 1896	16	8	»	6	7	7	6	6	6	5	5	5	1,625	605	600
125	Suisse	25 septembre 1896	15	7	»	8	9	8	7	7	6	6	6	6	1,931	580	615
93	Suisse	2 novembre 1896	14	9	»	9	9	8	8	8	8	8	7	7	2,207	580	600
140	Suisse	25 décembre 1896	11	9	»	10	10	10	8	8	8	7	7	8	2,331	529	540
			112	66											13,587	4,882	5,220

Soit à la castration une moyenne de 8 lit. 25 par tête.
Produit par tête : 1,698 lit. 375, soit 5 lit. 836 par jour.

En plus............. 338k 00
Soit par tête...... 42 25

La castration ne paraît avoir produit aucun résultat; le rendement moyen, 5 lit. 83, est au-dessous du rendement habituel. Si ces 8 vaches avaient été chassées en avril ou mai, elles auraient produit une plus grande quantité de lait.

Quant au gain en poids, il est insignifiant, *42 kilos 250* par tête en 291 jours, et cela avec une abondante nourriture comme celle donnée à Arcy.

PRODUCTION DE 7 VACHES CASTRÉES ET DE 7 VACHES NON CASTRÉES COMME TÉMOINS, 1 HOLLANDAISE, 1 NORMANDE ET 5 SUISSES DE CHAQUE CATÉGORIE.

VACHES TÉMOINS CASTRÉES.

NUMÉROS DES VACHES.	RACE.	DATES des VÊLAGES	LAIT AU VÊLAGE. (lit.)	LAIT À LA CASTRATION. (lit.)	AVRIL.	MAI.	JUIN.	JUILLET.	AOÛT.	SEPTEMBRE.	OCTOBRE.	NOVEMBRE.	DÉCEMBRE.	JANVIER.	PRODUIT EN LAIT. (lit.)	POIDS À LA CASTRATION. (kilogr.)	POIDS au 28 février 1898. (kilogr)
978	Hollandaise......	8 janvier 1897......	24	16	8	9	8	8	7	2	"	"	"	"	1,264	610	650
880	Normande.......	7 novembre 1896 ...	17	13	12	12	10	9	9	8	8	7	6	6	2.660	618	610
808	Suisse..........	7 novembre 1896 ...	17	15	13	14	13	12	10	10	10	10	10	10	3,426	607	620
144	Suisse..........	9 décembre 1896 ...	17	16	15	14	12	11	9	10	10	10	10	11	3,195	598	595
124	Suisse..........	7 novembre 1896...	19	11	"	11	9	10	10	9	9	9	9	9	2,608	600	625
847	Suisse..........	1er mars 1897......	15	14	"	14	14	12	11	11	9	8	8	7	2,881	574	595
969	Suisse..........	27 mars 1897......	12	12	"	12	10	10	8	9	9	7	7	7	2,421	520	510
			121												18,455	4,127	4,205

Soit une moyenne de 17 lit. 30 par tête à la castration.

Production par tête : 2,636 lit. 42 en 291 jours, soit 9 lit. 10 par tête et par jour.

Gain en poids pour 291 jours : 78 kilogrammes, soit par tête : 11 kilogr. 142.

VACHES TÉMOINS NON CASTRÉES.

NUMÉROS DES VACHES.	RACE.	DATES des VÊLAGES	Lait au 1er avril.		AVRIL.	MAI.	JUIN.	JUILLET.	AOÛT.	SEPTEMBRE.	OCTOBRE.	NOVEMBRE.	DÉCEMBRE.	JANVIER.	PRODUIT EN LAIT.	Poids au 1er avril.	POIDS au 28 février 1898.
995	Hollandaise......	2 février 1897......	19	"	17	17	13	11	7	3	"	"	"	22	2,757	518	585
930	Normande.......	13 février 1897.....	15	"	12	12	10	9	7	9	6	5	5	4	2,404	661	710
18	Suisse..._:_:_:...	7 novembre 1896 ...	18	"	15	15	13	12	11	11	10	9	9	9	3,497	516	620
85	Suisse..........	1er janvier 1897....	19	"	14	14	12	10	7	9	9	8	"	13	2,933	540	525
87	Suisse..........	4 novembre 1896...	12	"	"	12	11	10	8	3	"	20	20	18	3,123	545	550
149	Suisse..........	4 mars 1897.......	14	"	"	14	12	10	9	6	10	10	9	7	2,669	527	655
155	Suisse..........	20 mars 1897......	13	"	"	13	11	9	6	5	5	5	4	2	1,817	568	640
			110												19,200	3,875	4,285

Soit une moyenne de 15 lit. 70 par tête au 1er avril 1897.

Production par tête en 291 jours : 2,742 lit. 85, soit 9 lit. 425 par tête et par jour.

Gain en poids pour 291 jours : 610 kilogrammes, soit par tête : 58 kilogr. 571.

Les vaches castrées produisent moins de lait que celles qui ne le sont pas : 9 litr. 10 au lieu de 9 litr. 425 ; elles n'ont gagné en poids, en 291 jours, que 11 kilogr. 142 gr. contre 58 kilogr. 571 gr. pour celles qui ne sont pas castrées.

Toutes les vaches avaient exactement la même nourriture et les mêmes soins de propreté.

———

Ce qui m'étonne le plus dans la castration, c'est moins la constance de la production de lait que le peu de gain en poids des animaux. Je pensais qu'une vache castrée et n'ayant que peu ou plus de lait, devait gagner en poids et offrir un avantage pour l'engraissement. Le contraire me surprend beaucoup et pourtant je puis affirmer que toutes les opérations du mesurage du lait ou de pesage des vaches ont été faites à Arcy avec un soin très méticuleux; la personne chargée de ce service en a une très grande habitude, car tous les mois elle mesure le lait de chaque vache pour me permettre de faire ma sélection. Les vaches ont un numéro matricule, comme le soldat au régiment. Sur cet état est consigné non seulement la production mensuelle en lait, mais aussi tous les faits qui touchent à l'animal : gestation, parturition, maladies, qualités, vices ou défauts, etc.

———

Le 9 décembre 1880, j'ai fait castrer 4 vaches; le résultat a été très mauvais : 2 vaches sont mortes à la suite de l'opération.

Le 13 décembre 1881, j'en ai fait castrer 18. Sur ce nombre, 10 sont mortes à bref délai de péritonite. Il est vrai qu'à cette époque les moyens antiseptiques du docteur Déclat et de Pasteur n'étaient pas encore connus.

Les 8 vaches ayant survécu à l'opération ont donné un produit moyen en lait, du 1er janvier 1882 au 30 juin 1884, de 7 lit. 71 par jour.

Dans la même période, les 8 vaches témoins non castrées et mises au même régime que celles castrées ont produit une moyenne par jour de 10 litr. 88 de lait, soit une différence en leur faveur de 3 litr. 17 par jour et par vache.

Ma nouvelle épreuve confirmant celles de 1880 et 1881, je renonce pour toujours à la castration que je ne puis conseiller à personne.

———

Le lait des vaches castrées est plus riche que celui des vaches vides, mais moins que celui des vaches pleines. Ce phénomène est facile à comprendre : chez la vache pleine, l'appétit se développe toujours dans une large mesure ; elle utilise et elle assimile beaucoup mieux ses aliments ; toutes ses facultés sont dirigées vers le but à atteindre, celui de la reproduction. Il en résulte qu'elle fait du lait plus riche, mais en bien moins grande quantité.

M. LE PRÉSIDENT. Vous venez d'entendre la communication que vous a faite M. Nicolas.

Sur cette opération de la castration, qui a été recommandée aux nourrisseurs et aux propriétaires avec un certain éclat et une certaine conviction, M. Nicolas vient vous dire, d'après ses expériences : Prenez garde ! ce que j'ai obtenu de cette méthode ne m'a donné que de mauvais résultats, et au point de vue de l'engraissement et au point de vue de la production laitière.

Quelqu'un demande-t-il la parole sur cette question ?

M. Le Conte a la parole.

M. LE CONTE. Messieurs, nous avons eu il y a quelques jours, à la Société des agriculteurs de France, un très intéressant rapport de M. le professeur Moussu, d'Alfort, sur ce sujet. Je dois dire, sans prendre parti dans le débat, que les résultats accusés par M. le professeur Moussu ne sont pas absolument d'accord avec ceux que M. Nicolas a trouvés à Arcy-en-Brie.

Quand on a commencé les expériences sur la castration, elles étaient dangereuses par suite de la connaissance incomplète que l'on avait de la matière et aussi par suite de l'ignorance des procédés antiseptiques ; mais aujourd'hui l'opération se fait sans aucun danger, puisqu'on ne cite pas une perte sur 200 et 300 animaux. De tableaux dressés avec soin, tant en Suisse qu'en France, il résulte que la castration augmente et surtout prolonge la production du lait dans des proportions considérables. Elle améliore, ajoute-t-on, la qualité du lait. Ces renseignements ont été confirmés par des membres de l'assemblée, qui avaient fait castrer leurs vaches avec succès et remarqué que la production du lait avait été très augmentée ; le lait était toujours le même et en quantité constante pendant de longs mois. Maintenant, au point de vue de l'engraissement, on est moins affirmatif ; cependant il est certain que les vaches castrées doivent avoir une plus grande facilité que les autres à l'engraissement.

Il y a un point dont M. Nicolas ne nous a pas parlé et qui pourtant aurait un grand intérêt, c'est celui de savoir si la castration peut s'accomplir facilement sur les vaches taurelières et a pour effet de les rendre aptes à l'engraissement. Si nous pouvions, en effet, faire de ces vaches des animaux de boucherie bien gras, il y aurait là un profit très notable et très appréciable.

M. le Président. M. Nicolas a dit que les résultats des essais faits dans ce sens n'avaient pas été bons.

M. Le Conte. Le sujet est très loin d'être complètement éclairé, et nous ferions peut-être bien de le réserver pour l'année 1900, avec beaucoup de questions que nous n'avons pu aborder cette année.

M. le Président. La parole est à M. Weber, vétérinaire.

M. Weber. M. Le Conte vient de soulever une question que M. Nicolas avait un peu négligée : celle de l'influence de la castration sur la qualité du lait. M. Le Conte vous a dit tout à l'heure, d'après M. Moussu, que les vaches castrées avaient du lait meilleur et en plus grande quantité que celles non castrées. Oui et non.

M. Nicolas a constaté, et j'ai constaté comme lui, que lorsqu'une vache est loin de sa parturition, son lait est toujours meilleur que lorsqu'elle est près de sa parturition, au point de vue de sa composition et de sa richesse en matières grasses. Cela est bien entendu. Or la vache châtrée est dans une situation qui se rapproche précisément de celle de la vache non châtrée, mais loin de sa parturition.

Je dois ajouter que M. Nicolas a fait ses expériences d'une manière tout à fait scientifique, en ce sens qu'il a pris un témoin et a comparé les résultats obtenus sur ce témoin non châtré et ceux obtenus avec le témoin châtré. Ses expériences méritent donc un certain crédit.

A la Société des agriculteurs de France, on a dernièrement fait, il est vrai, une communication très intéressante sur cette question, et déclaré que la castration avait une influence très favorable sur la production du lait. Mais les expériences faites par l'auteur de la communication l'avaient été sur des vaches suisses et en Suisse; or ces vaches conservent en général bien plus longtemps leur lait que celles de nos pays, et ce pourrait bien être là une des principales causes des différences que l'on a constatées entre les vaches suisses et les vaches françaises.

M. LE PRÉSIDENT. La parole est à M. Tisserand.

M. TISSERAND. Messieurs, les expériences de M. Nicolas vous prouvent une fois de plus combien il faut apporter de prudence dans les déductions à tirer d'une expérience. M. Nicolas vous a cité les résultats obtenus, et aussi les pertes qu'il avait éprouvées. C'est qu'en effet, la castration est une opération des plus délicates; il faut un tour de main tout spécial. J'ai fait la même expérience, il y a déjà longtemps, avec un vétérinaire très habile, et voici les résultats que j'avais obtenus :

Nous n'avons pas obtenu une augmentation certaine dans la production du lait, mais une constance qui s'est prolongée pendant près de 15 mois. En somme pas d'augmentation, mais prolongation constante de la lactation durant 15 mois.

Maintenant, je vous citerai un autre fait. Dans le département des Vosges, arrondissement de Remiremont, un vétérinaire, M. Mansuy, opère la castration d'une façon courante sur 180 à 200 vaches annuellement. Il n'en perd jamais une seule, et, comme dans mon expérience, le résultat de l'opération se traduit par une prolongation de la lactation durant 12 ou 14 mois en moyenne.

M. Nicolas est-il bien certain que le vétérinaire qui a opéré ses vaches y a apporté tous les soins nécessaires?

M. NICOLAS. Il a certainement pris les précautions qui étaient utiles. Mais, lors de mes premières expériences de 1880 et 1881, on ne connaissait pas l'antisepsie.

M. TISSERAND. Quand j'ai fait mon expérience, on ne la connaissait pas non plus. M. Mansuy ne la pratiquait pas davantage, et jamais il n'a perdu une bête. Or, mes expériences sont encore antérieures à celles de M. Nicolas, car elles remontent à 1874.

C'est là un fait incontestable.

UN MEMBRE présent. A quel moment doit se faire l'opération?

M. Tisserand. M. Mansuy n'opère jamais qu'après le quatrième mois qui suit la parturition. Je félicite la Société d'agriculture d'avoir mis la solution de cette question au concours.

M. Weber. En réponse à M. Tisserand, je reprocherais justement à M. Nicolas d'avoir attendu trop tard. M. Tisserand dit qu'il faut faire l'opération à quatre mois; or, il y a des opérateurs qui disent qu'il y a avantage à castrer à deux mois et demi et non pas à quatre mois; c'est là un point extrêmement important.

Maintenant, quelques mots sur le résultat de l'opération. M. Nicolas a fait trois expériences à une distance assez grande; toutes trois ont donné le même résultat. Bien entendu, je ne parle pas au point de vue chirurgical, puisque la première expérience de M. Nicolas a été désastreuse à cet égard, par suite des procédés opératoires. Aujourd'hui, il n'y a plus de pertes d'animaux et on peut dire que l'opération est absolument sans danger. Je dirai même qu'à l'époque où elle n'était pas encore sans danger les vaches qui devaient bien se comporter n'étaient même pas malades, et les vachers de M. Nicolas le savaient si bien que quand ils voyaient une vache qui commençait à bouder ils disaient : Celle-là va mourir.

La première fois, les vaches de M. Nicolas ont été opérées par de très habiles vétérinaires, mais ils n'avaient pas à leur disposition les moyens perfectionnés d'aujourd'hui, nous avons eu de mauvais résultats. Aujourd'hui, l'opérateur est un jeune vétérinaire, M. Lerma, qui opère très bien et s'en tire avec grand succès.

Un Membre présent. Je voudrais ajouter un seul mot au sujet de l'époque de l'opération. M. Moussu, professeur à Alfort, dit que la meilleure époque pour la castration est la sixième semaine après le vêlage, et il attache une grande importance à ce point-là.

M. Weber. C'est trop tôt.

M. Butel. Je me suis occupé de cette question de castration il y a environ trois ans; je suis allé à Genève trouver un jeune vétérinaire, M. Flocard, qui faisait beaucoup d'opérations, et je lui ai demandé de me montrer comment il opérait. En présence des renseignements qui m'étaient fournis et des résultats que j'avais constatés, j'ai cru utile pour les vétérinaires français et notre agriculture, lui dis-je, de venir chercher à l'étranger des indications précieuses à cet égard.

Or, Messieurs, je dois ajouter de suite qu'en allant ainsi chercher des renseignements à l'étranger, je m'adressais encore à un vétérinaire français, car M. Flocard est sorti de l'École d'Alfort, et bien qu'exerçant à Genève, il est de nationalité française.

Il voulut bien me montrer de quelle façon il s'y prenait, et pendant plusieurs mois, je me suis exercé aux abattoirs, de façon à pouvoir ensuite opérer pour ma clientèle dans des conditions à peu près régulières et normales. Il faut dire que l'opération n'est pas difficile quand on connaît bien sa manipulation, mais là est la difficulté, et il ne faudrait pas croire que tout vétérinaire puisse castrer des vaches du jour au lendemain. J'ai travaillé six mois et ce n'est qu'après cet apprentissage que je me suis décidé à offrir mes services à un de mes clients, qui avait grande confiance en moi. Je commençai ainsi par deux ou trois vaches, puis j'en opérai dix-neuf dans une même ferme; enfin, dans le rayon de ma clientèle, j'arrivai à en opérer une centaine, presque toutes de race normande, flamande et quelques-unes de race hollandaise.

Quels résultats avons-nous obtenu au point de vue du lait ? Dans la ferme dont j'ai parlé, on mesurait le lait des vaches chaque jour. Eh bien ! je dois dire que, comme chez M. Nicolas, on n'a pas obtenu de résultats constants ; telle vache conserva son lait très longtemps après la castration ; telle autre le perdit peu après, une vache qui avait paru malade conserva son lait, une autre qui sembla toujours bien portante le perdit. En résumé, la castration ne parut pas donner de résultats avantageux au point de vue de la sécrétion du lait.

Cependant, à côté de ces renseignements généraux, on peut citer des faits particuliers prouvant qu'il y a des cas où la sécrétion lactée a été notablement augmentée et prolongée par la castration. Quand on opère sur un animal, on opère sur un inconnu; et, quand on vient dire : tel animal donne tant de plus ou de moins que tel autre, je crois pouvoir faire remarquer que pour fournir des renseignements précis, une comparaison exacte, il faudrait que les deux animaux fussent identiquement semblables, et cela nous ne pouvons jamais le savoir.

La question me paraît beaucoup plus simple en ce qui concerne les vaches taurelières. J'estime leur castration très avantageuse et susceptible de donner de très bons résultats. Je puis en citer un fait. Un cultivateur de mes clients avait une vache en mauvais état, à grosse charpente, une hollandaise qui valait bien 100 ou 150 francs pour la boucherie; elle donnait trois litres de lait par jour. Il la fit castrer; elle donna presque aussitôt 12 litres, et cette production se maintint une année; l'animal engraissa et devint une très belle bête de boucherie. Dans certains cas particuliers, le cultivateur peut donc avoir un intérêt considérable à faire castrer ses vaches.

Je crois que la question peut se ramener à ces deux termes : dans quelles circonstances doit-on castrer et dans quelles circonstances ne doit-on pas le faire?

Il est difficile de répondre d'une façon générale; cependant je crois que dans la plupart des cas les cultivateurs auraient intérêt à faire castrer leurs vaches taurelières.

Nous avons vu que M. Nicolas a été malheureux, il a même été franchement malheureux, et sur le lait et sur la viande, et il faut même qu'il y ait une condition particulière pour que ses vaches n'aient pas au moins augmenté de poids, car le résultat de ses expériences est en contradiction formelle avec tout ce qui a été fait en Suisse, à Remiremont, à Meaux, partout où s'opère la castration sur une grande échelle.

Je me résume en disant que, au point de vue de la production laitière, la castration peut donner de bons résultats, mais incertains; au point de vue de la production de la viande, résultat certain, augmentation; enfin au point de vue de la culture grand intérêt à faire castrer les vaches taurelières. (*Très bien, très bien.*)

M. Nicolas. A votre avis, M. Butel, quelle serait la proportion d'augmentation de la viande?... Dans le cas qui me concerne elle n'était pas rémunératrice, et je ne trouvais pas mon compte à faire de la viande.

M. le Président. La parole est à M. Butel.

M. Butel. Je ne puis pas répondre à M. Nicolas en donnant des chiffres. Les cultivateurs qui ont fait castrer leurs vaches et les ont vendues grasses à la boucherie, en ont été très satisfaits, mais ils n'ont pas pesé, examiné leurs vaches jour par jour, de sorte que je ne puis pas citer de chiffres. Il n'y a qu'un cas où les vaches n'augmentent pas de poids, c'est quand elles se nourrissent mal, mais dans ces cas, cinq fois sur six, à l'autopsie on les reconnaît atteintes de tuberculose.

Je répète qu'il est impossible de donner des résultats s'étendant à tous les cas; la nature est chose diverse. Deux animaux dans les mêmes circonstances, nourris de la même façon, paraissant tout à fait semblables, ne profitent pas également. Je ne peux que constater que tous les cultivateurs qui à ma connaissance ont fait castrer des vaches les ont vues engraisser.

M. NICOLAS. Mais vous avez raison ! Chez moi aussi elles ont engraissé, mais je n'y gagnais pas du tout ; j'obtenais des vaches grasses, bonnes pour la boucherie, mais je ne faisais pas de bénéfices.

M. WEBER. M. Butel vous a dit tout à l'heure une chose très exacte en ce qui concerne les taurelières, mais je me permettrai cependant de lui faire remarquer qu'il n'y a pas toujours avantage à châtrer toutes les taurelières, parce que ça ne réussit pas toujours. Il y a pour les cultivateurs des moyens très simples de se débarrasser des vaches taurelières dont ils ne veulent plus ; il n'y a pas besoin d'opérateur, ce qui est peut-être mieux, et à coup sûr plus économique. Il y a, en effet, des cas où une vache reste taurelière après avoir été châtrée. Pourquoi, je n'en sais rien...

M. X... C'est parce qu'elle a été mal châtrée !

M. BUTEL. Absolument.

M. WEBER. Cela n'est pas exact. Les opérateurs les plus habiles peuvent ne pas obtenir le résultat qu'ils désirent. M. Nicolas a pu garder des vaches pendant de longs mois, plus de deux ans, sans qu'elles demandent le taureau, quoique non châtrées. D'ailleurs c'est la même chose dans l'espèce humaine : une bonne nourrice ne doit pas avoir ses règles...

M. BUTEL. Il est évident qu'une vache mal castrée restera taurelière, seulement il y a dans la castration de la vache une difficulté, c'est que l'ovaire prend quelquefois un développement considérable, par suite de la formation d'un kyste intérieur, et l'ovaire, ordinairement de la grosseur d'une amande, devient alors gros comme le poing. Eh bien ! il peut arriver à l'opérateur, et la chose m'est advenue deux fois à moi-même, en voulant extraire cet ovaire, de briser le kyste. Alors, bien qu'il ne reste plus pour ainsi dire que la coque de l'ovaire, on pourra faire la castration, mais, quelque petite que soit la partie restée, la vache ne sera pas castrée, elle restera taurelière.

C'est là une des difficultés de l'opération qu'il faut savoir vaincre, et qu'on ne vaincra que par une longue pratique.

M. Weber. C'était vrai quand on opérait par le procédé de Charlier, la torsion; mais aujourd'hui ce n'est plus exact. Avec les appareils actuels on enlève totalement l'ovaire, et sans opérer aucune torsion.

M. le Président. Messieurs, la question est définitivement close.

M. le Président. L'ordre du jour étant épuisé, je vais prononcer la clôture des travaux du second Congrès de la Société d'alimentation rationnelle du bétail, mais avant de nous séparer, permettez-moi de vous adresser une prière.

Vous avez pu constater, Messieurs, combien sont intéressantes les discussions auxquelles nous nous sommes livrés, et vous avez pu remarquer aussi que nous étions fidèles au but que nous nous étions proposé, à savoir d'assurer l'alliance et l'accord fécond de la pratique et de la science.

Vous me permettrez de demander aux praticiens qui me font l'honneur de m'écouter, comme aussi aux professeurs d'agriculture, aux savants de tout genre qui sont ici, de vouloir bien se mettre en contact avec notre Société et de nous faire connaître les résultats des expériences auxquelles ils se livreront.

Nous ne savons pas, comme je vous le disais samedi, si le troisième Congrès s'ouvrira l'année prochaine, ou si, ménageant nos ressources et nous réservant pour l'Exposition universelle, nous nous ajournerons en 1900. C'est une décision qui sera prise ultérieurement et portée à votre connaissance en temps utile. Dans tous les cas, que ce soit en 1899 ou en 1900, je vous donne avec confiance rendez-vous au prochain Congrès, ne doutant pas que les communications que vous voudrez bien nous faire ne placent ce Congrès à la hauteur des précédents, et que nos travaux ne donnent des résultats qui nous permettent de continuer l'œuvre féconde que nous avons entreprise pour les populations rurales et l'avenir de l'agriculture.

Messieurs, au prochain Congrès!

La séance est levée. (*Vifs applaudissements.*)

C'est là une des difficultés de l'oxydation qu'il n'avait connues, et qu'on
ne savait que par une longue analyse.

M. Weiss. C'était vrai quand on opérait par le procédé de Chevallier, le bi-
sulfure... mais aujourd'hui ce n'est plus exact, les les appareils actuels seront
lentement l'ovaire, et nos opérateurs seront...

M. le Président. Messieurs, la parole est à M. [illegible].

M. le Président. J'ai, dès ce jour... quand je vous présente le tableau
des travaux du second Congrès de la Société d'Association amicale, de
bétail, mais avant de nous séparer, permettez-moi de vous dire un mot.

[illegible]

APPENDICE.

EXPÉRIENCES SUR L'AMÉLIORATION
DE
LA CULTURE DES RACINES FOURRAGÈRES,

PAR M. C.-V. GAROLA,

INGÉNIEUR AGRONOME, PROFESSEUR DÉPARTEMENTAL D'AGRICULTURE D'EURE-ET-LOIR.

Poussés par l'aiguillon de la nécessité, les cultivateurs qui s'adonnent à la production de la betterave à sucre sont arrivés, depuis quinze ans, par des recherches suivies, à améliorer la racine saccharigène d'une façon remarquable. Le taux de sucre pour cent de racine a été augmenté de beaucoup, grâce à la sélection des porte-graines et à une culture en rangs serrés, grâce aussi à l'emploi de fumures abondantes et appropriées. Pendant ce temps, qu'a fait le cultivateur de betteraves fourragères ? Il est resté hypnotisé par le rendement brut et par la grosseur des racines. Ces deux seules *apparences* sont demeurées pour lui le critérium de la valeur agricole des variétés. On ne le voit s'inquiéter en rien de la richesse des betteraves en substances réellement nutritives; il n'y a pas pour lui betteraves et betteraves, comme il y a pour tout le monde fagots et fagots.

Et cependant il n'est pas douteux, quand on se donne la peine de réfléchir un instant, que, si la valeur de la betterave industrielle est proportionnelle à sa richesse centésimale et à son rendement total en sucre à l'hectare, la valeur d'une betterave fourragère doit être en raison de sa teneur en principes nutritifs et de son rendement en matières réellement alimentaires par hectare. Or y a-t-il parallélisme entre le rendement brut par unité de surface, entre la grosseur individuelle des racines et leur valeur alimentaire ? L'expérience montre qu'il n'en est rien. Depuis plusieurs années, M. Dehérain a fait la démonstration de la mauvaise qualité des grosses racines. Nous avons entrepris de propager ses idées, depuis deux ans, et nous avons pu, grâce au concours dévoué et désintéressé de M. Oscar Benoist, l'habile agriculteur de Cloches, établir des expériences dont les résultats ont été très démonstratifs.

En 1896, elles ont porté sur la betterave jaune ovoïde des Barres, et avaient pour but d'étudier l'influence de l'espacement des racines sur le rendement en substances alimentaires par hectare. Comme nous avons déjà publié les résultats obtenus dans nos derniers rapports[1], il nous suffira d'en rappeler ici les conclusions. Les betteraves serrées (744 à l'are) ont donné un rendement brut de 804 quintaux à l'hectare, tandis que les betteraves à grand espacement (220 à l'are) ont produit 829 quintaux. Le poids moyen des premières était de 1,065 grammes et celui des grosses de 3,768 grammes. Or, malgré la légère infériorité du rendement brut, les betteraves serrées ont donné à l'hectare un excédent de matières réellement nutritives (sucre, albumine et graisse) de 1,240 kilogrammes sur les grosses racines. Si l'on rapporte cet excédent à la somme de matière nutritive fournie par un hectare de betteraves à grandes distances, somme qui s'élevait à 2,072 kilogr., 5, on voit que la culture à plants serrés a augmenté le rendement en éléments nutritifs de 60 p. 100. Nous avons constaté, d'autre part, que les petites betteraves renfermaient trois fois moins de nitrate de potasse que les grosses. Une vache mangeant 40 kilogrammes de grosses racines absorbait 64 grammes de nitrate par jour, tandis qu'en consommant les petites en même quantité elle n'en ingérait que 20 grammes. A petite dose, ce sel est très laxatif et l'observation a montré qu'une quantité de 100 grammes absorbée par une vache moyenne est très nuisible à sa santé.

Enfin nous avons été frappé de la pauvreté de nos betteraves en matières nutritives et de leur richesse en eau. Cela nous a conduit à entreprendre nos essais de 1897, dans le but de confirmer les précédents et de rechercher parmi les variétés de betteraves connues celles qui seraient le plus avantageuses sous le rapport de la production de la matière nutritive.

Nous ne nous sommes pas, cette fois, borné à des expériences culturales et à des analyses, mais nous avons voulu compléter nos investigations par des essais d'alimentation poursuivis à Cloches sur l'engraissement du mouton, et par des recherches sur la digestibilité des racines grosses et petites exécutées sur le lapin, à la Station agronomique.

[1] *Rapports sur les champs d'expériences et de démonstration d'Eure-et-Loir*, 1895-1896, et *Annales agronomiques*, 1897, n° 4.

1. — Résultats culturaux.

Dans un sol de limon ayant reçu une fumure de 40,000 kilogrammes de fumier de ferme excellent et 400 kilogrammes de superphosphate à l'hectare, nous avons cultivé comparativement neuf variétés de betteraves et deux variétés de carottes, en lignes espacées d'une part de 90 centimètres, et de l'autre de 45. Sur la moitié de la superficie de chaque groupe de racines cultivées à des distances différentes, il a été répandu une fumure additionnelle de 200 kilogrammes de nitrate de soude par hectare, afin de reconnaître si cette addition influerait notablement sur la teneur des racines en nitrate.

Les tableaux suivants rendent compte des résultats obtenus, ramenés à l'hectare. Pour chaque variété nous avons indiqué le nombre de plants récoltés à l'are, afin de bien préciser l'espacement.

SEMIS EN LIGNES DISTANTES DE 45 CENTIMÈTRES.

VARIÉTÉS CULTIVÉES.	SANS NITRATE.		AVEC NITRATE.		MOYENNES.	
	RACINES par are.	RENDEMENT brut à l'hectare. (quintaux.)	RACINES par are.	RENDEMENT brut à l'hectare. (quintaux.)	RACINES par are.	RENDEMENT brut à l'hectare. (quintaux.)
Carotte blanche { à collet vert	2,040	646	2,218	678	2,129	662
{ des Vosges	1,908	666	2,164	686	2,036	676
Moyenne des carottes fourragères.	1.974	656	2,191	682	2,082	669
Betterave { blanche à sucre Klein Wanzle-ben	784	360	716	362	750	361
{ blanche à sucre à collet rose	728	392	884	482	806	437
{ blanche à sucre à collet vert (Brabant)	802	380	858	389	803	384
Moyenne des betteraves à sucre.	771	377	819	408	786	394
Betterave { géante blanche demi-sucrière	846	552	866	581	856	566
{ disette Mammouth	944	466	836	547	790	506
{ jaune géante de Vauriac	794	576	696	680	745	648
{ globe à petites feuilles	904	452	960	558	932	505
{ jaune ovoïde des Barres	830	550	828	638	829	594
{ disette corne de bœuf	930	450	918	533	924	491
Moyenne des betteraves fourragères.	874	507	850	589	846	548
Moyenne générale des betteraves.	840	464	840	530	826	497

SEMIS EN LIGNES DISTANTES DE 90 CENTIMÈTRES.

VARIÉTÉS CULTIVÉES.	SANS NITRATE.		AVEC NITRATE.		MOYENNES.	
	RACINES par are.	RENDEMENT brut à l'hectare. (quintaux.)	RACINES par are.	RENDEMENT brut à l'hectare. (quintaux.)	RACINES par are.	RENDEMENT brut à l'hectare. (quintaux.)
Carotte blanche { à collet vert	1,242	480	1,336	550	1,289	515
{ des Vosges	1,148	500	1,116	472	1,132	486
Moyenne des carottes fourragères.	1.195	490	1.226	511	1.210	500
Betterave { blanche à sucre Klein Wanzle-ben	248	300	248	312	248	306
{ blanche à sucre à collet rose	266	368	274	442	270	405
{ blanche à sucre à collet vert (Brabant)	260	323	288	362	274	342
Moyenne des betteraves à sucre.	258	330	270	372	264	351
Betterave { géante blanche demi-sucrière	254	440	254	492	254	466
{ disette Mammouth	268	382	266	464	267	423
{ jaune géante de Vauriac	228	428	252	530	240	479
{ globe à petites feuilles	272	440	250	446	261	443
{ jaune ovoïde des Barres	232	478	222	490	227	484
{ disette corne de bœuf	264	390	252	412	258	401
Moyenne des betteraves fourragères.	253	426	249	472	251	449
Moyenne générale des betteraves.	254	383	255	439	255	416

De l'examen des résultats précédents il appert qu'en général, pour les carottes, les betteraves sucrières et les betteraves fourragères, la culture en lignes espacées seulement de 45 centimètres a donné des rendements plus considérables que la culture à grandes distances. Il n'y a d'exception pour aucune variété. Les excédents sont de 169 quintaux pour les carottes, de 86 quintaux pour les betteraves à sucre, et de 99 quintaux pour les racines fourragères. A supposer que les petites racines n'aient pas une valeur supérieure aux grosses, il est indiscutable déjà qu'il est avantageux d'adopter la culture en ordre serré.

D'un autre côté, l'addition de 200 kilogrammes de nitrate de soude à la fumure générale de 40,000 kilogrammes de très bon fumier et 400 kilogrammes de superphosphate a eu une action sensible sur le rendement. Le tableau suivant met ce fait en évidence :

	SANS NITRATE (MOYENNES).	AVEC NITRATE (MOYENNES).	EXCÉDENTS (MOYENNES).
	quintaux.	quintaux.	quintaux.
Carottes........................	573	591	18
Betteraves à sucre...............	353	390	37
Betteraves fourragères...........	466	530	64

La valeur de la fumure additionnelle de nitrate étant de 46 francs, le quintal obtenu en excédent revient aux prix ci-dessous.

Carottes.................................... 2f 50
Betteraves à sucre.......................... 1 24
Betteraves fourragères...................... 0 72

L'opération semble donc avoir été avantageuse pour les betteraves, mais non pour les carottes.

Nous pouvons enfin classer les variétés d'après leur rendement brut moyen comme il suit :

1. Carotte blanche à collet vert..................... 588 quintaux.
2. Carotte blanche des Vosges..................... 581
3. Géante de Vauriac............................. 553
4. Ovoïde des Barres............................. 539
5. Géante blanche demi-sucrière.................. 516
6. Globe à petites feuilles....................... 474
7. Disette Mammouth............................. 464

8. Corne de bœuf.. 446
9. Betteraves à collet rose................................. 421
10. Betteraves à collet vert............................... 363
11. Betteraves Klein Wanzleben........................ 333

Il est inutile de commenter ce classement pour l'instant. On le rapprochera plus tard de celui que nous pourrons déduire de nos recherches analytiques et de nos expériences sur les animaux. Contentons-nous de constater que les betteraves se groupent très régulièrement ; les variétés sucrières ont un rendement brut inférieur à celui des betteraves fourragères. Enfin les carottes se montrent supérieures aux betteraves, comme nous l'avons souvent observé dans les cultures de la ferme de Cloches.

II. — Composition chimique des racines.

A la récolte, notre excellent collaborateur a prélevé dans chaque parcelle un échantillon moyen de racines de 5o kilogrammes environ. Les 44 échantillons furent expédiés à la Station agronomique pour y être analysés.

A leur réception, les lots furent pesés séparément et l'on compta le nombre total des racines qui les constituaient pour en déduire leur poids moyen. Puis nous rangeâmes les betteraves par ordre de grosseur et nous prélevâmes sur un nombre suffisant de racines, représentant exactement l'ensemble, à l'aide du foret Champonnois, au tiers supérieur de la betterave, une quantité de pulpe de 1,000 à 1,200 grammes.

1° Sur 5o grammes de pulpe bien mélangée on a fait le dosage de l'eau ;

2° Sur 32 gr. 15 de même pulpe on a dosé le sucre cristallisable par la digestion aqueuse à chaud et le polarimètre ;

3° Pour les carottes qui renferment du sucre cristallisable et du glucose on a d'abord dosé ce dernier par la liqueur de Fehling et par pesée de l'oxyde de cuivre, puis après interversion on a dosé de même le total des deux sucres. L'extraction des sucres a été faite aussi par digestion aqueuse à chaud sur la pulpe fraîche ;

4° Tout le reste de la pulpe a été desséché complètement à l'étuve, puis la matière sèche a été moulue et enfermée dans des flacons bien bouchés pour servir aux autres dosages.

Dosage des matières azotées. — Il n'est plus possible aujourd'hui, dans l'analyse des fourrages, de se borner à déterminer en bloc les matières azotées par le dosage de l'azote total et en faisant jouer le multiplicateur 6,25. Dans le cas qui nous occupe, il convient de distinguer dans l'ensemble de matières azotées d'abord le nitrate de potasse, sel qui peut s'emmagasiner dans les racines et qui non seulement n'est pas alimentaire, mais encore est purgatif à faible dose. Dans les substances organiques azotées, il faut également séparer les albuminoïdes, qui sont réellement alimentaires, des amides et des corps amidés et autres qui ne peuvent servir à la constitution des tissus.

Dans chacun de nos échantillons nous avons donc dosé ces trois groupes de substances azotées.

Pour le dosage du nitrate de potasse, nous avons suivi le procédé suivant indiqué par Berthelot : « La matière sèche est traitée par l'alcool à 60 p. 100 qui dissout les azotates et coagule les matières albuminoïdes. La matière dissoute est évaporée au bain-marie puis passée à l'appareil de Schlœsing pour y doser l'acide azotique en le transformant en bioxyde d'azote dont on mesure le volume ». Il convient ici de recueillir le bioxyde d'azote sur une dissolution de soude, car il se produit un peu d'acide carbonique qui empêcherait de saisir facilement la fin de l'opération. Après avoir mesuré le gaz sur l'eau, on le fait absorber par une solution saturée de sulfate de fer, et on retranche du volume primitif celui du résidu. En opérant de la même manière avec une solution titrée de nitrate, et en s'arrangeant pour obtenir des volumes de gaz voisins, on calcule très exactement l'azote nitrique.

Le dosage de l'azote organique total exige la destruction préalable des nitrates, car ceux-ci seraient en partie réduits à l'état d'ammoniaque et fausseraient les résultats. Cette destruction a lieu en faisant bouillir la substance avec un peu de sulfate de fer et d'acide sulfurique étendu, dans un ballon d'attaque. Quand le volume est réduit d'au moins moitié on transforme l'azote organique en ammoniaque par le procédé Kjeldahl-Gunning, puis on dose l'ammoniaque par la méthode de Boussingault.

Pour doser les matières albuminoïdes, nous avons eu recours à la méthode acétique employée par M. Joulie dans son beau travail sur la *Production fourragère par les engrais* et décrite dans la dernière édition de l'*Analyse des matières agricoles* de M. Grandeau.

Quant à l'azote des amides, etc., il a été calculé par différence.

Nous avons admis que les albuminoïdes de la betterave renferment 16 p. 100 d'azote et adopté le coefficient 6,25 pour passer de l'azote à la substance azotée. Pour les substances non albuminoïdes, nous les avons calculées en asparagine, en multipliant l'azote correspondant par 5,36.

Le dosage des matières grasses a été exécuté par la méthode de Draggendorf, en employant l'éther de pétrole distillant à 45 degrés comme dissolvant.

Le dosage de la cellulose a été fait en suivant le procédé de M. Müntz, qui donne de la cellulose exempte de pentosanes, comme nous nous en sommes assuré en opérant sur le son de froment.

Les pentosanes ont été déterminées par la méthode de Councler, en précipitant le furfurol, obtenu par la distillation de la matière avec de l'acide chlorhydrique à 1,06 de densité, à l'aide de la phloroglucine. Le précipité recueilli sur un filtre taré, séché à 100 degrés, est pesé. En multipliant son poids par 0,953, on a celui des pentosanes. Ce multiplicateur suppose que dans la betterave il existe à la fois de l'arabane et de la xylane.

Les deux tableaux suivants résument les résultats de nos analyses. Pour chaque variété et pour chaque espacement nous avons réuni les analyses des lots avec et sans nitrates. Chaque nombre est donc la moyenne de deux dosages.

SEMIS à 0ᵐ,45. — COMPOSITION IMMÉDIATE DES RACINES.

ÉLÉMENTS DOSÉS.	CAROTTE BLANCHE des Vosges.	CAROTTE BLANCHE à collet vert.	BETTERAVE À SUCRE Klein Wanzleben.	BETTERAVE À SUCRE à collet rose.	BETTERAVE À SUCRE à collet vert.	BETTERAVE GÉANTE BLANCHE demi-sucrière.	BETTERAVE DISETTE Mammouth.	BETTERAVE JAUNE GÉANTE de Vauriac.	BETTERAVE GLOBE à petites feuilles.	BETTERAVE JAUNE OVOÏDE des Barres.	BETTERAVE DISETTE corne de bœuf.
	P. 100.	P. 100.	P. 100.	P. 100.	P. 100.	P. 100.	P. 100.	P. 100.	P. 100.	P. 100.	P. 100.
Eau	88.02	89.80	81.0	81.50	82.00	89.00	90.65	90.00	89.00	91.06	86.87
Matières organiques	10.07	9.06	18.0	17.54	16.9	9.90	8.42	8.9	9.95	7.94	12.00
Cendres	1.01	1.14	1.0	0.96	1.1	1.10	0.96	1.1	1.05	1.00	1.13
Matières albuminoïdes	0.79	0.75	0.58	0.83	0.65	0.47	0.39	0.68	0.58	0.52	0.77
Matières azotées diverses	0.70	0.53	0.59	0.76	0.54	0.45	0.34	0.53	0.56	0.53	0.54
Matières azotées totales	1.49	1.28	1.17	1.59	1.19	0.92	0.73	1.21	1.08	1.05	1.31
Graisse	0.07	0.05	0.02	0.03	0.03	0.01	0.01	0.02	0.01	0.01	0.02
Sucre	2.32	1.57	13.00	12.80	13.00	6.80	4.70	4.40	6.70	4.00	7.15
Glucose	1.63	1.85	"	"	"	"	"	"	"	"	"
Pentosanes	1.21	1.17	2.18	1.90	1.63	0.99	0.79	0.93	0.90	0.80	1.37
Cellulose	1.37	1.15	0.99	1.10	0.83	0.66	0.56	0.87	0.64	0.66	0.97
Matières non dosées	2.61	2.00	0.70	0.12	0.22	0.52	1.61	1.47	0.62	1.41	2.18
Nitrate de potasse	0.007	0.007	"	0.008	0.003	0.029	0.034	0.038	0.018	0.082	0.02
	kilogr.	kilogr.	kilogr.	kilogr.	kilogr.	kilogr.	kilogr.	kilogr.	kilogr.	kilogr.	kilogr.
Poids moyen des racines récoltées	0.333	0.310	0.482	0.542	0.463	0.661	0.573	0.851	0.540	0.656	0.532
Poids moyen des racines analysées	0.343	0.324	0.541	0.505	0.455	0.633	0.586	0.892	0.540	0.707	0.604

SEMIS à 0ᵐ,90. — COMPOSITION IMMÉDIATE DES RACINES.

ÉLÉMENTS DOSÉS.	CAROTTE BLANCHE des Vosges.	CAROTTE BLANCHE à collet vert.	BETTERAVE À SUCRE Klein Wanzleben.	BETTERAVE À SUCRE à collet rose.	BETTERAVE À SUCRE à collet vert.	BETTERAVE GÉANTE BLANCHE demi-sucrière.	BETTERAVE DISETTE Mammouth.	BETTERAVE JAUNE GÉANTE de Vauriac.	BETTERAVE GLOBE à petites feuilles.	BETTERAVE JAUNE OVOÏDE des Barres.	BETTERAVE DISETTE corne de bœuf.
	P. 100.	P. 100.	P. 100.	P. 100.	P. 100.	P. 100.	P. 100.	P. 100.	P. 100.	P. 100.	P. 100.
Eau	90.03	90.57	84.1	84.94	84.2	91.2	90.30	91.31	90.1	92.92	90.77
Matières organiques	8.76	8.35	14.8	13.97	14.7	7.7	8.70	7.64	8.6	6.03	8.10
Cendres	1.21	1.08	1.1	1.08	1.1	1.1	1.00	1.05	1.3	1.05	1.13
Matières albuminoïdes	0.68	0.70	0.84	0.84	0.83	0.61	0.60	0.59	0.91	0.59	0.72
Matières azotées diverses	0.62	0.62	0.77	0.69	0.79	0.56	0.62	0.57	0.70	0.56	0.55
Matières azotées totales	1.30	1.32	1.61	1.53	1.62	1.17	1.22	1.16	1.61	1.15	1.37
Graisse	0.06	0.04	0.03	0.03	0.03	0.01	0.01	0.01	0.02	0.03	0.02
Sucre	1.16	1.87	9.60	9.50	10.05	3.65	4.35	3.20	4.65	2.60	4.60
Glucose	1.91	1.51	"	"	"	"	"	"	"	"	"
Pentosanes	0.83	1.00	1.72	1.37	1.54	0.89	0.93	0.82	0.99	0.72	1.00
Cellulose	1.21	1.27	1.08	0.86	0.82	0.67	0.75	0.80	0.91	0.89	0.90
Matières non dosées	2.29	1.34	0.76	0.67	0.64	1.30	1.44	1.65	0.42	1.14	0.21
Nitrate de potasse	0.025	0.033	0.017	0.036	0.018	0.065	0.067	0.097	0.029	0.078	0.045
	kilogr.	kilogr.	kilogr.	kilogr.	kilogr.	kilogr.	kilogr.	kilogr.	kilogr.	kilogr.	kilogr.
Poids moyen des racines récoltées	0.427	0.398	1.233	1.498	1.262	1.834	1.584	1.990	1.700	2.133	1.555
Poids moyen des racines analysées	0.447	0.371	1.173	1.461	1.277	1.687	1.592	1.721	1.521	1.930	1.287

La comparaison des analyses précédentes nous montre que, par la culture serrée, les racines ont gagné une quantité notable de matière organique. Pour les carottes, le gain est en moyenne de 1,83 p. 100, ce qui correspond à 15,4 p. 100 de la teneur des racines cultivées à 90 centimètres. En ce qui concerne les betteraves à sucre, l'accroissement moyen de la matière organique s'élève à 2,99 p. 100, soit à 20,6 p. 100 de ce que renferment les grosses betteraves. Enfin, pour les betteraves fourragères, le gain moyen atteint 1,71 p. 100, ou 22 p. 100 du minimum moyen. Une seule exception existe à cette règle quand on compare séparément chaque variété dans les deux procédés de culture, pour la Mammouth.

Si l'on compare les dosages moyens des substances azotées dans les trois catégories de racines, on constate en général pour les betteraves une petite diminution en passant de la culture à grandes distances à la culture serrée, et cela est vrai pour les matières azotées albuminoïdes comme pour les substances azotées diverses. Pour les carottes il y a au contraire une très faible augmentation des albuminoïdes. Dans la comparaison détaillée des variétés il y a beaucoup plus d'irrégularités que pour la matière sèche. Avec les betteraves à sucre le gain d'albuminoïdes pour le grand espacement est de 22 p. 100 ; il est de 17 p. 100 avec les betteraves fourragères ; le gain pour les carottes est de 10 p. 100.

Les variations de la graisse, qui existe en si faible quantité, n'ont aucune importance. Il en est de même de celles du sucre.

Dans tous les cas les racines serrées sont plus riches que celles qui ont végété à grandes distances. C'est pour les carottes que l'accroissement est le plus faible : il n'est que de 14,3 p. 100 du minimum moyen. Pour les betteraves à sucre le gain moyen est de 3,06 pour 100 de racines, ce qui correspond à 31 p. 100 du minimum moyen. Enfin avec les betteraves fourragères l'augmentation du dosage de sucre est de 1,78 p. 100 de racines, soit de 46,3 p. 100 par rapport à la teneur des plantes cultivées à 90 centimètres. Cette constatation n'est pas nouvelle. Il est depuis longtemps démontré que pour obtenir des betteraves riches en sucre, il faut serrer les plants autant que possible. Comme le sucre est l'aliment hydrocarboné le plus efficace après la graisse, il est urgent d'appliquer à la culture de la betterave fourragère la même règle qu'à celle de la betterave à sucre, car c'est par l'accroissement de la richesse des racines en sucre qu'on peut le plus accroître leur valeur nutritive.

Les pentosanes sont des hydrates de carbone de la formule $C^5H^8O^4$, qui se transforment par hydrolyse en sucres cristallisables infermentescibles appelés pentoses. On en connaît actuellement deux, l'arabane origine de l'arabinose, et la xylane qui fournit la xylose. Ce sont des substances gommeuses confondues dans les anciennes analyses avec les extractifs non azotés et la cellulose brute. M. Müntz les avait dosées séparément, croyons-nous, sous le nom de cellulose saccharifiable. Elles se distinguent nettement des hydrates de carbone en C^6 (sucres, glucoses, substances amylacées) par leur propriété de se transformer en furfurol quand on les fait bouillir avec de l'acide chlorhydrique à 12 p. 100. Dans la betterave il existe très probablement un mélange de deux pentosanes connues. Ces hydrates de carbone peuvent-ils servir à la nutrition ? C'est très probable, car, comme nous le verrons, ils peuvent être en grande partie digérés et ne se retrouvent qu'à l'état de trace dans les urines.

La culture serrée a eu pour résultat un petit accroissement de la dose des pentosanes dans les racines. Il a été de 0,28 p. 100 de racines avec les carottes, de 0,34 avec les betteraves à sucre et de 0,07 avec les racines fourragères. Il n'y a eu d'exception que pour deux betteraves fourragères. Si l'on rapporte ces accroissements à la teneur des racines cultivées à grande distance égalée à 100, on obtient respectivement les proportions suivantes : 30,7; 22,1; 7,9.

Pour la cellulose les variations sont peu importantes, et dans des sens différents.

Si l'on se place au point de vue de la nature des variétés sucrières et fourragères et qu'on les compare avec les carottes, comme nous l'avons fait dans le tableau suivant où nous avons inscrit les moyennes de chaque groupe :

	CAROTTES FOURRAGÈRES.	BETTERAVES	
		À SUCRE.	FOURRAGÈRES.
Matières organiques....................	9.21	15.98	8.64
Substances albuminoïdes................	0.73	0.75	0.62
Amides, etc.........................	0.61	0.69	0.54
Matières azotées.....................	1.34	1.44	1.16
Graisse............................	0.05	0.03	0.015
Sucres.............................	3.45	11.40	4.73
Pentosanes.........................	1.05	1.71	0.92
Cellulose..........................	1.25	0.94	0.72

On reconnaît que les races sucrières sont beaucoup plus riches que les racines des deux autres groupes en matières organiques et en sucre; elles renferment aussi un peu plus d'albuminoïdes et de pentosanes. D'un autre côté les carottes sont un peu plus riches que les betteraves fourragères en matières organiques totales, en albuminoïdes, en graisse, en pentosanes et cellulose, mais un peu plus pauvres en sucre.

Nous attachions un grand intérêt au dosage des nitrates dans nos racines. Nous donnons dans le tableau suivant tous les résultats qus nous avons obtenus.

NITRATES (EN MILLIGRAMMES P. 100).

	SANS NITRATE			AVEC NITRATE DE SOUDE.		
	90 c.	45 c.	MOYEN.	90 c.	45 c.	MOYEN.
Carotte blanche des Vosges.......	3.2	2.6	2.9	46.1	11.8	28.9
Carotte blanche à collet vert......	44.0	8.6	27.3	20.0	6.2	13.1
BETTERAVES :						
Klein Wanzleben..............	31.5	"	15.7	3.8	"	1.9
A sucre collet rose.............	24.5	14.3	19.4	47.8	2.4	25.0
A sucre collet vert.............	32.0	2.1	17.0	4.2	3.7	3.9
Géante blanche demi-sucrière.....	53.4	18.1	35.7	78.0	40.0	59.0
Disette Mammouth.............	26.3	25.0	25.6	107.7	42.7	75.2
Jaune géante de Vauriac..........	45.5	71.0	58.2	150.0	4.4	77.2
Globe à petite feuilles...........	24.3	37.5	31.0	28.0	78.6	53.3
Jaune ovoïde des Barres.........	114.4	85.9	100.1	41.4	78.4	59.9
Corne de bœuf................	70.0	25.0	47.5	21.0	16.5	18.7
MOYENNES.............	42.8	26.3	34.5	49.8	25.8	37.8

Il ressort de ces résultats :

1° Que l'addition par hectare de 200 kilogrammes de nitrate de soude à la fumure n'a pas eu pour effet d'augmenter très sensiblement le taux du nitrate de potasse dans les racines;

2° Que la plantation serrée a eu pour effet de diminuer fortement la teneur des racines en nitrate :

Teneur moyenne des racines à 90°..................... 46.3
Teneur moyenne des racines à 45°..................... 26.0

DIFFÉRENCE................................... 20.3

L'abaissement du taux de nitrate atteint 43,84 p. 100.

3° Que les variétés sucrières (Klein Wanzleben, à collet rose et à collet vert) renferment généralement moins de nitrate de potasse que les variétés fourragères;

	SANS NITRATE DE SOUDE.			AVEC NITRATE DE SOUDE.		
	90 c.	45 c.	MOYEN.	90 c.	45 c.	MOYEN.
Variétés sucrières....................	29.3	5.5	17.4	18.6	2.0	10.2
Variétés fourragères..................	55.6	43.7	49.7	71.0	43.4	57.2
Carottes blanches....................	24.6	5.6	15.1	33.0	9.0	21.0

4° Que les carottes sont moins riches en nitrate que les betteraves fourragères, comme le montrent les moyennes du tableau de détail précédent;

5° Au point de vue de la richesse moyenne en nitrate, les variétés de betteraves se rangent dans l'ordre suivant :

MILLIGRAMMES P. 100
ou grammes
par quintal.
—

1. Ovoïde des Barres................... 80.0
2. Géante de Vauriac.................. 67.7
3. Disette Mammouth.................. 50.4
4. Géante blanche demi-sucrière........ 47.3
5. Globes à petites feuilles............. 41.1
6. Corne de bœuf..................... 33.1
7. Collet rose........................ 22.2
8. Collet vert........................ 10.4
9. Klein Wanzleben................... 8.8

III. — RENDEMENTS PAR HECTARE EN ÉLÉMENTS NUTRITIFS.

Au point de vue pratique, la valeur relative des variétés cultivées, de même que celle des systèmes de culture, est fonction du rendement brut de racines à l'hectare et de la richesse en principes alimentaires de l'unité de poids de racines. Nous avons donc dans les deux tableaux suivants, calculé pour chaque variété, à chacun des deux espacements adoptés, le rendement à l'hectare en principes immédiats divers. Les résultats sont exprimés en quintaux métriques.

Dans un troisième tableau, extrait des précédents, nous avons totalisé pour chaque variété et chaque espacement les principales matières que nous considérons comme réellement nutritives, et nous avons fait ressortir les moyennes afférentes à chaque groupe, ainsi que les différences en faveur de la culture serrée. Nous n'avons pas considéré comme alimentaires les amides et autres substances azotées analogues, ni la cellulose, ni les indéterminées. Nous n'avons en effet aucune connaissance de l'action dans l'organisme des premières et des dernières, et si la cellulose peut jouer un certain rôle, nous estimons qu'en prenant en compte toutes les pentosanes, nous établissons par là une compensation suffisante, comme nous espérons le montrer plus loin.

SEMIS À 0 M. 45. — RENDEMENTS À L'HECTARE.

ÉLÉMENTS DOSÉS.	CAROTTE BLANCHE des Vosges.	CAROTTE BLANCHE à collet vert.	BETTERAVE à sucre Klein Wanzleben.	BETTERAVE à sucre à collet rose.	BETTERAVE à sucre à collet vert.	BETTERAVE GÉANTE BLANCHE demi-sucrière.	BETTERAVE DISETTE MAMMOUTH.	BETTERAVE JAUNE GÉANTE de Vaurin.	BETTERAVE GLOBE à petites feuilles.	BETTERAVE JAUNE ovoïde des Barres.	BETTERAVE DISETTE corne de bœuf.
	quint.	quint.	quint.	quint.	quint.	quint.	quint.	quint.	quint.	quint.	quint.
Eau....................	596.23	594.48	292.41	356.16	315.29	504.18	459.14	565.20	449.45	540.90	426.97
Matières organiques...........	72.33	59.98	64.98	76.65	64.98	56.08	42.55	55.89	50.25	47.16	58.98
Cendres..............	7.44	7.55	8.61	4.19	4.23	6.23	4.86	6.91	5.30	5.94	5.55
Matières albuminoïdes..........	5.34	4.96	2.09	3.63	2.50	2.65	1.97	4.18	2.93	3.09	3.78
Matières azotées diverses.......	4.73	3.51	2.13	3.32	2.08	2.55	1.72	3.33	2.52	3.15	2.65
Matières azotées totales........	10.07	8.47	4.22	6.95	4.58	5.21	3.69	7.51	5.45	6.24	6.43
Graisse............	0.47	0.33	0.07	0.13	0.12	0.06	0.05	0.13	0.05	0.06	0.098
Sucre..............	15.68	10.39	46.98	55.94	50.00	38.52	23.81	27.63	33.83	23.76	35.14
Glucose.............	11.02	12.25	"	"	"	"	"	"	"	"	"
Pentosanes.............	8.18	7.75	7.69	8.30	6.27	5.61	4.00	5.84	4.55	4.75	5.73
Cellulose.............	9.26	7.61	3.57	4.81	3.19	3.74	2.83	5.46	3.28	3.92	4.74
Matières non dosées........	17.64	18.24	2.53	0.52	0.85	2.95	3.15	9.23	3.13	3.88	5.80
Nitrate de potasse...........	0.047	0.046	"	0.035	0.012	0.165	0.172	0.24	0.091	0.487	0.098

SEMIS À 0 M. 90. — RENDEMENTS À L'HECTARE.

ÉLÉMENTS DOSÉS.	CAROTTE BLANCHE des Vosges.	CAROTTE BLANCHE à collet vert.	BETTERAVE à sucre Klein Wanzleben.	BETTERAVE à sucre à collet rose.	BETTERAVE à sucre à collet vert.	BETTERAVE GÉANTE BLANCHE demi-sucrière.	BETTERAVE DISETTE MAMMOUTH.	BETTERAVE JAUNE GÉANTE de Vaurin.	BETTERAVE GLOBE à petites feuilles.	BETTERAVE JAUNE ovoïde des Barres.	BETTERAVE DISETTE corne de bœuf.
	quint.	quint.	quint.	quint.	quint.	quint.	quint.	quint.	quint.	quint.	quint.
Eau....................	437.55	466.44	257.35	344.00	288.38	425.00	381.97	437.37	299.14	449.73	362.99
Matières organiques...........	42.57	43.00	45.29	56.58	50.35	35.88	56.80	36.60	38.09	29.10	82.48
Cendres..............	5.88	5.56	3.36	4.42	3.76	5.12	4.28	5.03	5.77	5.08	4.53
Matières albuminoïdes..........	3.30	3.60	2.57	3.40	2.84	2.84	2.54	2.84	4.03	2.86	2.89
Matières azotées diverses.......	3.04	3.19	2.36	2.79	2.70	2.61	2.62	2.72	3.10	2.71	2.60
Matières azotées totales........	6.34	6.79	4.93	6.19	5.54	5.45	5.16	5.56	7.13	5.57	5.49
Graisse............	0.29	0.21	0.09	0.12	0.10	0.047	0.042	0.048	0.09	0.13	0.08
Sucre..............	5.64	9.63	29.38	38.47	34.42	17.06	18.40	15.33	20.60	12.58	18.45
Glucose.............	9.28	7.78	"	"	"	"	"	"	"	"	"
Pentosanes.............	4.08	5.15	5.26	5.55	5.27	4.15	3.93	3.93	4.39	3.48	4.01
Cellulose.............	5.88	6.54	3.30	3.48	2.81	3.12	3.17	3.83	4.03	1.89	3.61
Matières non dosées........	11.13	6.90	2.33	2.71	2.19	6.06	6.09	7.90	1.86	5.52	0.84
Nitrate de potasse...........	0.1215	0.17	0.052	0.146	0.061	0.303	0.283	0.465	0.128	0.378	0.18

MATIÈRES NUTRITIVES PAR HECTARE.

SOMME : ALBUMINOÏDES, GRAISSES, SUCRES, PENTOSANES.

	90 C.		45 C.		DIFFÉRENCE.	
	kilogr.		kilogr.		kilogr.	
Carotte blanche des Vosges................	2.254		4.079		1.825	
Carotte à collet vert.....................	2.637		3.568		931	
Moyennes.	2.445		3.823		1.378	
Betterave à sucre Klein Wanzleben..........	3.730		5.678		1.948	
Betterave à sucre à collet rose.	4.754	4.249	6.800	6.122	2.046	1.873
Betterave à sucre à collet vert (Brabant).....	4.263		5.889		1.426	
Betterave blanche demi-sucrière...........	2.404		4.684		2.280	
Betterave disette Mammouth...............	2.451		2.983		532	
Betterave jaune géante de Vauriac..........	2.235		3.788		1.553	
Betterave globe à petite feuilles............	2.911	2.408	4.136	3.887	1.225	1.479
Betterave jaune ovoïde des Barres..........	1.906		3.166		1.260	
Betterave disette corne de bœuf............	2.543		4.565		2.022	
Moyennes.	3.021		4.632		1.611	

En considérant la troisième colonne du dernier tableau on remarque que, sans exception, la culture à rangs serrés a augmenté dans une grande proportion la production en éléments nutritifs par hectare. Pour les carottes, l'accroissement est en moyenne de 1,378 kilogrammes par hectare et correspond à 56,4 pour 100 du produit des mêmes plantes cultivées à grande distance.

Avec les betteraves à sucre l'augmentation de rendement en matières nutritives est de 1 kilogr. 873, soit de 44,1 p. 100 du produit des racines cultivées à grand espacement.

Enfin, avec les races fourragères nous obtenons en moyenne par hectare 1,479 kilogrammes de matières alimentaires en plus en serrant la culture, ce qui correspond à 60,1 p. 100.

L'importance de ces accroissements de rendement démontre bien clairement l'immense avantage qu'il y a à cultiver les racines fourragères d'après les mêmes procédés culturaux que les racines saccharigènes. Il faut absolument serrer les plants pour obtenir des racines petites et riches. La culture à grands espacements, si elle produit des racines énormes qui flattent l'œil, ne donne que des résultats trompeurs. On récolte de l'eau surtout, et l'on a plus de frais relativement pour la conservation et l'emmagasinage.

Mais notre tableau récapitulatif n'est pas seulement instructif relativement au mode de culture, il fait ressortir d'une manière lumineuse la valeur relative des différents groupes des racines et des diverses variétés dans chaque groupe.

Les races sucrières de betteraves fournissent beaucoup plus de substances nutritives par hectare que les carottes et les betteraves fourragères. Elles ont en effet donné en moyenne 5,185 kilogrammes d'éléments nutritifs, contre 3,134 avec les carottes et 3,147 kilogrammes avec les betteraves fourragères, ce qui correspond à une surproduction de 2,051 et 2,038 kilogrammes ou 65 p. 100,

Parmi les variétés sucrières, c'est la betterave à collet rose qui s'est montrée la plus avantageuse, avec une production moyenne de 5,777 kilogrammes de substances alimentaires; la variété à collet vert, race Brabant, vient ensuite, avec un rendement utile de 5,076 kilogrammes. La Klein Wanzleben vient la troisième et donne 4,700 kilogrammes.

Dans le groupe fourrager nous trouvons en première ligne la Disette corne de bœuf (3,554 kilogrammes) avec la géante blanche demi-sucrière (3,544 kilogrammes) et la globe à petites feuilles (3,523 kilogrammes). La géante de Vauriac vient ensuite avec un produit moyen de 3,012 kilogrammes. Enfin la disette Mammouth (2,717 kilogrammes) et la trop répandue Ovoïde des Barres (2,536 kilogrammes) ferment la marche.

Entre cette dernière et la betterave à collet rose il y a un écart en faveur de celle-ci de 227,8 p. 100. Tout commentaire ne pourrait qu'affaiblir une telle constatation.

IV. — EXPÉRIENCES D'ALIMENTATION.

Pendant l'hiver qui a suivi la récolte du champ d'expériences, M. Oscar Benoist a voulu se rendre compte de la valeur relative des grosses et des petites betteraves obtenues. Ne pouvant multiplier ses essais, il s'est borné à expérimenter avec la variété Jaune ovoïde des Barres. Il y a joint un essai sur les carottes pour comparer leur puissance nutritive à celle des betteraves fourragères.

Il a constitué, le 22 novembre 1897, trois lots de 5 jeunes moutons chacun, aussi comparables que possible, auxquels il distribua chaque jour une ration identique de foin de luzerne et de tourteaux, et un poids identique de racines, soit grosses betteraves, soit petites betteraves, soit carottes, comme l'indique le tableau suivant :

NUMÉROS DES LOTS.	LUZERNE.	TOURTEAU.	BETTERAVES		CAROTTES.
			GROSSES.	PETITES.	
	kilogr.		kilogr.	kilogr.	kilogr.
1......................	2.5	1.5	"	"	29
2......................	2.5	1.5	"	29	"
3......................	2.5	1.5	29	"	"

L'expérience a duré du 22 novembre au 22 février ; la marche de l'engraissement et les résultats obtenus sont consignés ci-après :

	LOTS		
	1	2	3
	kilogr.	kilogr.	kilogr.
Poids au 22 novembre 1897................................	162.0	161.5	161.5
Poids au 22 décembre 1897............................	197.0	197.0	189.0
Poids au 22 janvier 1898...............................	218.0	215.5	201.0
Poids au 22 février 1898..............................	240.5	235.5	221.0
Viande nette à l'abatage................................	127.0	124.0	114.0
Rendement net p. 100 de poids vif...................	52.8	52.6	51.6
Gain total de poids vif................................	78.5	74.0	59.5
Gain de viande nette................................	46.0	43.0	33.0

Pour calculer le gain de viande nette nous avons admis qu'avant l'engraissement les trois lots en auraient fourni chacun 81 kilogrammes à raison de 50 p. 100 du poids vif, ce qui paraît être un peu exagéré.

Les animaux ont été vendus sur la base de 1 fr. 90 le kilogramme net. L'accroissement de valeur de chaque lot, pendant l'engraissement, a donc été :

Pour le lot n° 1, de....................................... 87f 40c
Pour le lot n° 2, de....................................... 81 70
Pour le lot n° 3, de....................................... 62 70

Si nous égalons à 100 la valeur produite par le lot n° 3, qui a consommé les grosses betteraves ovoïdes des Barres, le lot n° 2 a produit 130. Cet accroissement de 30 p. 100 de la production ne peut être imputé qu'à la plus grande valeur alimentaire des petites racines. Quant aux carottes, elles atteignent 139, et sont donc un peu plus nutritives que les petites ovoïdes.

En partant de ces expériences nous pouvons calculer les valeurs relatives des trois sortes de racines consommées.

Estimons le foin de luzerne à 6 francs les 100 kilogrammes et les tourteaux à 16 francs le quintal à la ferme. La ration commune journalière a
coûté :

2 kilogr. 50 de luzerne.. 0^f 15^c
1 kilogr. 50 de tourteaux..................................... 0 24
                                    TOTAL...................... 0 39

et pour la durée totale de l'expérience (92 jours) la dépense a atteint 35 fr. 88
pour chaque lot.

En retranchant cette dépense constante du produit total, nous aurons,
pour chaque cas, la valeur donnée par nos moutons à la quantité de racines
absorbées.

LOTS.	PRODUIT.	VALEUR DE LA RATION		OBSERVATIONS.
		FIXE.	DE RACINES.	
1........................	87.40	35.88	51.52	Carottes.
2........................	81.70	35.88	45.82	Petites ovoïdes.
3........................	62.70	35.88	26.82	Grosses ovoïdes.

Comme la quantité des racines consommées pendant les essais, à raison de
29 kilogrammes par jour, a atteint pour chaque lot 2,668 kilogrammes, la
tonne de racines a été payée pour nos moutons aux prix suivants :

Carottes.. 19^f 31^c
Petites ovoïdes... 17 17^c
Grosses ovoïdes.. 10 05

La valeur produite par hectare cultivé a atteint :

Avec la carotte (moyenne 58 t. 4)............................ 1,128^f 70^c
Avec les ovoïdes à petites distances (59 t. 4)............... 969 40
Avec les ovoïdes à grandes distances (48 t. 4).............. 486 42

Nous ne pouvions pas espérer une confirmation pratique plus éclatante des
conclusions de nos expériences.

V. — Digestibilité de la betterave corne de bœuf.

A. — Semis à 0 m. 45, avec nitrate.

Après avoir reçu pendant quelques jours comme nourriture exclusive de la petite betterave corne de bœuf pour déterminer la quantité journalière de racine qu'il pouvait consommer, le lapin a été pendant sept jours, du 23 au 30 novembre inclusivement, soumis à l'expérience.

Il pesait au début de l'essai 2 kilogr. 500 et à la fin 2 kilogr. 600.

Il a donc gagné un hectogramme de poids vif.

Sa consommation totale en racines a été de 3 kilogr. 775 pendant les sept jours, soit de 555 grammes par vingt-quatre heures.

Il a produit en tout 43 grammes d'excréments solides, soit 6 gr. 14 par jour.

La betterave et les excréments analysés ont présenté la composition suivante :

	BETTERAVES.	EXCRÉMENTS SOLIDES.
Eau..	85.7	54.6
Matières organiques............................	11.3	35.6
Cendres [1].....................................	1.2	9.8
Matières albuminoïdes [2].......................	0.76	5.69
Amides, etc. [3]................................	0.62	0.80
Sucres..	6.80	0.70
Pentosanes......................................	1.40	8.40
Cellulose.......................................	1.00	8.30
Substances indéterminées........................	0.60	11.71
[1] Acide phosphorique..........................	0.128	2.31
[2] Azote albuminoïde...........................	0.122	0.91
[3] Azote amidé, etc............................	0.115	0.15

Le lapin, soumis à l'expérience, a donc, par journée moyenne, consommé et rendu sous forme de crottins les quantités de principes immédiats relatés dans le tableau suivant, où nous avons fait figurer les quantités de subtances nutritives digérées et les coefficients de digestibilité qui découlent de l'essai :

	TENEUR de LA RATION.	TENEUR DES CROTTES.	SUBSTANCES DIGÉRÉES.	COEFFICIENT de DIGESTIBILITÉ.
	grammes.	grammes.	grammes.	grammes.
Matières organiques...................	62,7	2.2	60.5	96.0
Cendres............................	6,7	0,6	6.1	91,0
Albuminoïdes.......................	4.22	0.35	3.87	91.7
Amides, etc.........................	3.44	0.04	3,40	98.8
Sucres..............................	37.70	"	37.70	100.0
Pentosanes.........................	7.80	0.50	7.30	93.0
Cellulose...........................	5.50	0.50	5.0	90.0
Indéterminées.......................	3.33	0.72	2.61	78.0
Acide phosphorique..................	0.71	0.14	0.57	80.0

Il résulte de ce qui précède qu'il y a dans 100 kilogrammes de betteraves les quantités suivantes d'éléments nutritifs :

Albuminoïdes digestibles.....	0ᵏ 697	
Sucre....................	6.800	
Pentosanes digestibles........	1 302	Hydrates de carbone : 9,470
Cellulose.................	0 900	
Indéterminées.............	0 468	
Total des éléments nutritifs.	10ᵏ 467	

B. — Semis a 0 m. 90, avec nitrate.

Après avoir été nourri avec de petites racines, le lapin en reçut de grosses, du 30 novembre au 10 décembre 1897. Il a consommé pendant cette période 5 kilogrammes de racines, soit 500 grammes par vingt-quatre heures ; sa production en excréments s'est élevée en tout à 123 grammes, ce qui fait une moyenne de 12 gr. 3 par jour.

Il pesait au début 2 kilogr. 600 et à la fin de l'essai 2 kilogr. 460 seulement. Il a donc perdu 140 grammes en dix jours, tandis qu'avec les petites betteraves il avait gagné 100 grammes en sept jours.

La betterave et les excréments analysés ont présenté la composition suivante :

	BETTERAVES.	CROTTINS.
Eau..	91.42	54.70
Matières organiques..	7.44	34.65
Cendres [1]..	1.14	10.65
Albuminoïdes [2]...	0.81	7.25
Amides, etc. [3]...	0.66	0.54
Sucres..	3.80	1.36
Pentosanes..	1.00	5.57
Cellulose...	0.93	9.49
Substances indéterminées......................................	0.24	10.44
[1] Acide phosphorique..	0.115	1.81
[2] Azote albuminoïde...	0.119	1.16
[3] Azote des amides, etc.....................................	0.114	0.10

Le lapin d'essai a donc consommé par jour moyen et rendu sous forme d'excréments solides les quantités de principes immédiats qui figurent dans le tableau ci-après, où nous en avons déduit les quantités digérées et les coefficients de digestibilité.

	TENEUR de LA RATION.	TENEUR DES CROTTES.	SUBSTANCES DIGÉRÉES.	COEFFICIENT de DIGESTIBILITÉ.
	grammes.	grammes.	grammes.	grammes.
Matières organiques......................	37.20	4.26	32.94	88.5
Cendres..................................	5.70	1.30	4.40	77.1
Albuminoïdes.............................	4.85	0.09	3.16	78.0
Amides, etc..............................	3.30	0.07	3.23	97.0
Sucres...................................	19.00	0.16	18.84	99.2
Pentosanes...............................	5.00	0.68	4.32	86.4
Cellulose................................	4.65	1.17	3 48	74.8
Indéterminées............................	1.20	1.28	″	″
Acide phosphorique.......................	0.575	0.223	0.352	61.0

Dans 100 kilogrammes de betteraves grosses il y a donc les quantités suivantes d'éléments nutritifs :

Albuminoïdes digestibles......	0ᵏ 63	
Sucres........................	3 80	⎫
Pentosanes....................	0 86	⎬ Hydrates de carbone : 5,35
Cellulose.....................	0 69	⎭
Total des éléments nutritifs.	5ᵏ 98	

C. — Comparaison des résultats.

Tandis que le lapin a pu digérer par jour 60 gr. 500 de matières organiques, en consommant les petites betteraves corne de bœuf, il n'a pu, avec le régime des grosses racines à volonté, en digérer que 32 gr. 94. Il a donc été dans le deuxième cas beaucoup moins nourri que dans le premier et il en est résulté une perte de poids vif de 14 grammes par jour. La grosse betterave donnée seule *ad libitum* est donc incapable de satisfaire aux besoins de l'animal à l'entretien, tandis qu'au contraire la petite constitue une nourriture suffisante, puisqu'elle a provoqué dans l'essai une augmentation de poids vif de 14 gr. 3 par jour moyen.

Si l'on compare les coefficients de digestibilité des substances nutritives, on constate qu'ils sont généralement plus élevés pour les petites racines que pour les grosses. — Et enfin on est frappé de la supériorité des petites betteraves corne de bœuf qui contiennent à poids égal 70 p. 100 d'éléments digestibles de plus que les grosses.

VI. — Digestibilité de la betterave à sucre Klein Wanzleben.

A. — Semis à 0 m. 45, avec nitrate.

L'expérience relative à la détermination de la digestibilité de la betterave Klein Wanzleben, semée à 0 m. 45, a duré neuf jours, du 27 décembre 1897 au 4 janvier 1898. Le lapin pesait au début 2 kilogr. 630 et à la fin 2 kilogr. 660; son poids est donc resté à peu près constant. Sa consommation totale en betterave a été de 3 kilogr. 760, soit par journée moyenne de 416 grammes. La production des excréments solides s'est élevée à 97 grammes, soit 10 gr. 7 par jour moyen.

La betterave et les excréments solides analysés ont présenté la composition suivante :

	BETTERAVES.	EXCRÉMENTS SOLIDES.
Eau..	81.3	54.4
Matières organiques................................	17.8	33.0
Cendres [1]...	0.9	12.6
Matières albuminoïdes [2].........................	0.76	8.50
Amides, etc. [3].......................................	0.67	1.39
Sucres...	12.50	1.41
Pentosanes..	2.37	3.47
Cellulose...	1.19	6.50
Substances indéterminées.........................	0.31	11.73
[1] Acide phosphorique.............................	0.166	1.75
[2] Azote albuminoïde...............................	0.122	1.36
[3] Azote des amides, etc..........................	0.125	1.62

Le lapin soumis à l'essai a donc consommé, en moyenne par vingt-quatre heures, et rendu sous forme d'excréments solides les quantités de principes immédiats relatés dans le tableau suivant, ou figurent également les quantités d'éléments digérés et les coefficients de digestibilité :

	CONTENU de LA RATION.	EXCRÉMENTS SOLIDES.	SUBSTANCES DIGÉRÉES.	COEFFICIENT de DIGESTIBILITÉ.
	grammes.	grammes.	grammes.	grammes.
Matières organiques...............	74.05	3.53	70.52	95.2
Cendres..................................	3.74	1.35	2.39	63.9
Albuminoïdes..........................	3.16	0.01	3.05	71.2
Amides, etc............................	2.79	0.15	2.64	94.6
Sucres....................................	52.00	0.15	51.85	99.7
Pentosanes.............................	9.86	0.37	9.49	96.2
Cellulose................................	4.95	0.70	4.25	85.9
Indéterminées.........................	1.29	1.25	0.04	✻
Acide phosphorique.................	0.690	0.187	0.503	73.0

De ce qui précède il résulte qu'il y a dans 100 kilogrammes de betteraves les quantités d'éléments nutritifs ci-après consignées :

Albuminoïdes digestibles................ 0k 541

Sucre... 12 500 ⎫

Pentosanes................................... 2 280 ⎬ Hydrates de carbone : 15,802.

Cellulose....................................... 1 022 ⎭

Total des éléments nutritifs digestibles... 16k 343

B. — Semis à o m. 90, avec nitrate.

Sur le même animal nous avons, du 18 au 25 décembre 1897, soit pendant huit jours, étudié la digestibilité de la betterave à sucre Klein Wanzleben, semée à l'écartement de o m. 90 entre les lignes.

Le lapin, qui pesait au début 2 kilogr. 675, ne pesait à la fin que 2 kilogr. 63o. Il a donc fait une petite perte de poids de 45 grammes. Sa consommation totale ayant été de 3 kilogr. 15o de racines, sa ration moyenne journalière a atteint 45o grammes. Il a produit, d'autre part, 151 grammes d'excréments solides, soit 21 gr. 58 par jour.

La betterave et les excréments solides analysés ont présenté la composition suivante :

	BETTERAVES K. W.	EXCRÉMENTS SOLIDES.
Eau	82.9	55.0
Matières organiques	16.0	34.2
Cendres [2]	1.1	10.8
Albuminoïdes [2]	1.22	10.06
Amides, etc. [3]	0.93	1.5o
Sucres	10.30	1.70
Pentosanes	1.8o	3.3o
Cellulose	1.4o	7.3o
Substances indéterminées	6.55	10.34
[1] Acide phosphorique	0.137	1.00
[2] Azote albuminoïde	0.196	1.61
[3] Azote des amides, etc.	0.174	0.28

Le lapin en expérience a donc absorbé en moyenne par jour et rendu sous forme d'excréments solides les quantités de principes immédiats consignées dans le tableau suivant, où nous avons fait figurer en regard les quantités d'éléments digérés et les coefficients de digestibilité.

	CONTENU de LA RATION.	EXCRÉMENTS SOLIDES.	SUBSTANCES DIGÉRÉES.	COEFFICIENT de DIGESTIBILITÉ.
	grammes.	grammes.	grammes.	grammes.
Matières organiques.....................	71.00	7.40	64.6	95.3
Cendres................................	5.00	2.30	2.7	54.0
Albuminoïdes...........................	5.49	2.17	3.32	60.47
Amides, etc............................	4.18	0.32	3.86	92.35
Sucres.................................	46.30	0.30	46.00	99.3
Pentosanes.............................	8.10	0.70	7.40	91.3
Cellulose..............................	6.30	1.60	4.70	74.6
Indéterminées..........................	1.58	2.22	"	"
Acide phosphorique	0.62	0.35	0.27	43.5

Il résulte des faits précédents que 100 kilogrammes de grosses betteraves Klein Wanzleben renferment les quantités suivantes d'éléments nutritifs :

$$
\begin{array}{ll}
\text{Albuminoïdes digestibles.....} & 0^{k}74 \\
\text{Sucres digestibles..........} & 10\ 30 \\
\text{Pentosanes digestibles.......} & 1\ 64 \\
\text{Cellulose digestible.........} & 1\ 04 \\
\end{array}
$$

Hydrates de carbone : 12,98.

SUBSTANCES nutritives totales. 13 72

C. — BETTERAVE KLEIN WANZLEBEN (A 0 M. 45 AVEC NITRATE) ET SON.

Du 17 au 27 janvier 1898, nous avons essayé sur notre lapin la digestibilité d'une ration composée de betterave et de son de froment. L'animal, qui pesait au début 3 kilogrammes, ne pesait plus à la fin que 2 kilogr. 9. Il avait perdu 100 grammes de poids vif.

Sa consommation totale a été de 341 grammes de son, soit de 34 grammes par jour, et de 2,445 grammes de betterave, ou 244 gr. 5 par journée moyenne.

Sa production en excréments a été au total de 340 grammes, soit par jour moyen de 34 grammes.

Les aliments consommés et les excréments solides avaient la composition suivante :

	SON.	BETTERAVES.	EXCRÉMENTS.
Eau	8.0	81.3	53.00
Matières organiques	85.8	17.8	39.94
Cendres [1]	6.2	0.9	7.06
Albuminoïdes [2]	13.00	0.76	5.87
Amides [3]	2.46	0.67	1.01
Sucres	1.60	12.50	1.26
Amidon	16.00	//	//
Pentosanes	25.30	2.37	10.61
Cellulose	4.90	1.19	6.11
Indéterminées	22.54	0.31	15.68
[1] Acide phosphorique	3.47	0.166	2.64
[2] Azote albuminoïde	2.08	0.122	0.94
[3] Azote amide, etc	0.46	0.125	0.19

Dans le tableau suivant, nous avons calculé les quantités de principes immédiats que le lapin a ingérées et excrétées pendant une journée moyenne, ainsi que les quantités digérées, et les coefficients de digestibilité de la ration mixte :

	CONTENU DE LA RATION JOURNALIÈRE.			CONTENU des EXCRÉMENTS.	SUBSTANCES DIGÉRÉES.	COEFFICIENT de DIGESTIBILITÉ.
	Son.	Betteraves.	TOTAL.			
	grammes.	grammes.	grammes.	grammes.	grammes.	
Matières organiques	30.17	43.43	73.60	13.60	60.00	81.2
Cendres	2.11	4.31	6.42	2.40	4.02	62.6
Albuminoïdes	4.42	1.86	6.28	1.99	4.29	68.3
Amides, etc	0.83	1.64	2.47	0.34	2.13	86.2
Sucres	0.54	30.50	31.04	0.42	30.62	98.6
Amidon	5.41	//	5.41	//	5.41	100.0
Pentosanes	8.60	5.79	14.39	3.61	10.78	74.9
Cellulose	1.67	2.90	4.57	2.08	2.49	54.5
Indéterminées	7.66	0.76	8.42	5.12	3.30	39.2
Acide phosphorique	1.18	0.405	1.585	0.90	0.685	43.0

Pour nous rendre compte de la question de savoir si la consommation simultanée des betteraves et du son avait modifié la digestibilité des premières, nous avions fait un essai direct pour déterminer la digestibilité du même son.

DIGESTIBILITÉ DU SON DE FROMENT.

Le 10 novembre 1887, nous avons soumis notre lapin au régime exclusif du son. Du 16 au 20 inclus, nous avons déterminé exactement la quantité de

son consommée et recueilli les excréments solides produits. L'animal pesait
2 kilogr. 46 au début et 2 kilogr. 67 à la fin de l'essai.

La consommation totale pendant les cinq jours qu'a duré l'expérience a
atteint 330 grammes, soit 66 grammes par jour moyen.

Les excréments solides produits pendant le même laps de temps pesaient
200 grammes, ou 40 grammes par jour moyen.

Le son et les excréments analysés présentaient la composition suivante :

	SON.	EXCRÉMENTS SOLIDES.
Eau	8.0	38.0
Matières organiques	85.8	54.7
Cendres [1]	6.2	7.3
Matières albuminoïdes [2]	13.00	6.75
Amides, etc. [3]	2.46	1.5
Sucres	[illegible]	[illegible]
Amidon	16.00	"
Pentosanes	45.80	19.6
Cellulose	4.90	8.8
Substances indéterminées	22.54	19.65
[1] Acide phosphorique	3.47	3.80
[2] Azote albuminoïde	2.08	1.08
[3] Azote des amides, etc.	0.46	0.28

Par journée moyenne, l'animal soumis à l'expérience a donc consommé et
rejeté les quantités de principes immédiats consignées dans le tableau suivant
où nous avons fait ressortir parallèlement les quantités de substances nutritives digérées et les coefficients de digestibilité :

	TENEUR de LA RATION.	TENEUR des EXCRÉMENTS solides.	SUBSTANCES DIGÉRÉES.	COEFFICIENT de DIGESTIBILITÉ.
	grammes.	grammes.	grammes.	grammes.
Matières organiques	56.60	21.90	34.70	61.3
Cendres	4.10	2.90	1.20	29.8
Albuminoïdes	5.58	2.70	5.88	68.5
Amides, etc.	1.62	0.60	1.02	63.0
Sucres	1.00	"	1.00	100.0
Amidon	10.50	"	10.50	100.0
Pentosanes	16.70	7.60	9.10	54.4
Cellulose	3.20	3.50	"	
Indéterminées	14.87	7.68	7.19	48.3
Acide phosphorique	2.30	3.50	0.80	34.7

Il résulte de cet essai que le son employé renfermait les proportions suivantes d'éléments nutritifs pour 100 en poids :

Albuminoïdes digestibles........	8^k 9
Substances amylacées et sucrées.	17 6
Pentosanes digestibles	12 3
Indéterminées	10 8
TOTAL............	49 6

Hydrates de carbone : 40,7

Si, à l'aide des coefficients de digestibilité déterminés directement sur la betterave et sur le son employés, nous calculons les quantités d'éléments absorbés dans le régime mixte, et si nous comparons les résultats ainsi calculés avec ceux fournis par l'expérience directe, nous serons renseignés sur les variations qui auraient pu se produire.

Le tableau suivant donne les résultats de nos calculs, rapprochés des données de l'expérience :

	SON.	BETTERAVES.	TOTAL.	ESSAI DIRECT.
Matières organiques..................	17.88	41.34	59.22	59.00
Cendres.............................	0.62	1.40	2.02	1.91
Albuminoïdes........................	3.03	1.32	4.35	4.29
Amides, etc.........................	0.52	1.55	2.07	2.13
Sucres..............................	0.54	30.40	30.94	30.62
Amidon.............................	5.41	∕	5.41	5.41
Pentosanes..........................	4.68	5 55	10.23	10.78
Cellulose...........................	∕	2 49	2.49	2.49
Indéterminées.......................	8.70	∕∕	8.70	8.68
Acide phosphorique	0.40	0 29	0.69	0.68

La comparaison des nombres inscrits dans les deux dernières colonnes fait ressortir nettement que la digestibilité du son et de la betterave consommée en mélange est restée très sensiblement la même que lorsque les aliments étaient administrés séparément. Les petites différences que l'on constate rentrent dans les limites des erreurs inévitables dans de telles expériences. Elles seraient plus grandes, que les résultats obtenus dans l'essai du régime mixte n'en confirmeraient pas moins ceux que nous ont fournis les essais entrepris sur les mêmes aliments pris isolément.

D. — BETTERAVE KLEIN WANZLEBEN (À 0 M. 90 AVEC NITRATE) ET PAIN.

Nous avons fait une dernière expérience en faisant consommer de la betterave Klein Wanzleben (à 90 centimètres avec nitrate) et du pain. Elle a duré du 15 au 24 février, soit neuf jours. La consommation totale s'est élevée à 534 grammes de pain, ou 59 gr. 3 par jour; celle de la betterave a atteint en somme 2,463 grammes ou par journée 273 grammes. Le lapin a produit 133 grammes de crottes en tout, soit 14,8 par jour.

Les aliments consommés et les excréments solides ont présenté la composition suivante :

	BETTERAVE K. W. à 90°.	PAIN.	EXCRÉMENTS SOLIDES.
Eau..........................	82.90	25.00	47.0
Matières organiques..........	16.00	74.00	41.8
Cendres [1]..................	1.10	1.00	11.2
Albuminoïdes [2].............	1.22	9.20	12.37
Amides, etc. [3].............	0.93	//	1.60
Sucres.......................	10.30	0.34	1.99
Amidon.......................	//	62.40	//
Pentosanes...................	1.80	2.08	3.86
Cellulose....................	1.40	//	15.76
Indéterminées................	0.35	//	6.02
[1] Acide phosphorique........	0.137	0.48	1.92
[2] Azote albuminoïde.........	0.196	1.47	1.98
[3] Azote des amides, etc.....	0.174	//	0.30

Nous avons réuni dans le tableau suivant la composition de la ration journalière, des excréments correspondants, et nous avons placé en regard les quantités de principes immédiats digérés et les coefficients de digestibilité.

	CONTENU DE LA RATION.			EXCRÉMENTS SOLIDES.	SUBSTANCES DIGÉRÉES.	COEFFICIENT de DIGESTIBILITÉ.
	Betteraves.	Pain.	TOTAL.			
	grammes.	grammes.	grammes.	grammes.	grammes.	
Matières organiques..........	43.27	43.88	87.15	6.19	80.96	92.9
Cendres.....................	3.14	0.59	3.73	1.66	2.07	55.4
Albuminoïdes................	3.33	5.45	8.78	1.83	6.95	79.1
Amides, etc.................	2.54	//	2.54	0.24	2.30	90.5
Sucres......................	28.12	0.18	28.30	0.26	28.04	99.1
Amidon......................	//	37.00	37.00	//	37.00	100.0
Pentosanes..................	4.91	1.23	6.14	0 57	5.57	90.7
Cellulose...................	3.83	//	3.83	2 33	1.50	39.1
Indéterminées...............	0.95	//	0.95	0 89	0.06	//
Acide phosphorique..........	0.37	0.28	0.65	0 28	0.37	56.9

En partant des coefficients obtenus directement pour la betterave, nous pouvons calculer approximativement ceux relatifs au pain. Les résultats de nos calculs sont consignés ci-après :

DÉSIGNATION.	SUBSTANCES digérées TOTALES.	SUBSTANCES DIGÉRÉES.		COEFFICIENT DU PAIN.
		BETTERAVES.	PAIN.	
	grammes.	grammes.	grammes.	
Matières organiques............	80.96	41.23	39.73	90.5
Cendres....................	2.07	1.69	0.38	64.4
Albuminoïdes................	6.95	2.01	4.94	90.6
Amides, etc.................	2,30	2.34		
Sucres....................	28.04	28.12		
Amidon...................	37.00		37,00	100.0
Pentosanes.................	5.57	4.48	1.09	88.6
Cellulose..................	1.50	2.85		
Indéterminées...............	0.06			
Acide phosphorique............	0.37	0.16	0.21	76.0

Si l'on observe que, dans cette détermination par différence, les erreurs possibles peuvent dépasser largement 5 p. 100, on constate que, d'après cet essai, le lapin utilise presque entièrement les principes immédiats du pain. En rapprochant ces coefficients de digestibilité de ceux obtenus pour le son, on reconnaît que l'utilisation de ce dernier est sensiblement moins élevée. Le coefficient est inférieur de 29 p. 100 pour les matières organiques, de 22 p. 100 pour les albuminoïdes, de 34 p. 100 pour les pentosanes, et de 41 p. 100 pour l'acide phosphorique.

E. — Conclusions.

Nous avons réuni dans le tableau suivant les coefficients de digestibilité obtenus dans les expériences précédentes :

DÉSIGNATION.	CORNE DE BŒUF.		KLEIN WANZLEBEN.		SON de FROMENT.	PAIN BLANC.	BETTERAVE et SON.	BETTERAVE et PAIN.
	à 45°.	à 90°.	à 45°.	à 90°.				
Matières organiques..	96.0	88.5	95.2	95.3	61.3	90.5	81.2	92.9
Cendres...........	91.0	77.1	63.9	54.0	29.3	64.4	62.6	55.4
Albuminoïdes.......	91.7	78.0	71.2	60.5	68.5	90.6	68.3	79.1
Amides, etc........	98.8	97.0	94.6	92.3	63.0		86.2	90.5
Sucres...........	100.0	99.2	99.7	99.3	100.0		98.6	99.1
Amidon					100.0	100.0	100.0	100.0
Pentosanes.........	93.0	86.4	96.2	91.3	54.4	88.6	74.9	99.7
Cellulose	90.0	74.8	85.9	74.6			54.5	39.1
Indéterminées.......	78.0				48.3		39.2	
Acide phosphorique ..	80.0	61.0	73.0	43.5	34.7	7.6	43.0	56.9

Un coup d'œil général sur ces résultats fait reconnaître tout d'abord que l'amidon et le sucre sont entièrement absorbés.

La digestibilité des pentosanes est très élevée dans les racines et dans le pain. Elle baisse beaucoup dans le son.

La cellulose des racines est facilement digérée et en proportion élevée. Celle du son ne l'est pas.

L'acide phosphorique des racines est plus digestible que celui du son, et ce dernier l'est moins que celui du pain.

Les matières azotées non albuminoïdes (amides, etc., des tableaux) des racines sont absorbées en presque totalité. Celles du son de froment le sont moins facilement.

Les substances albuminoïdes, qui constituent la matière plastique par excellence, ont une digestibilité plus variable dans les betteraves, mais encore plus élevée que dans le son en moyenne.

Si nous ne considérons que les coefficients des betteraves, qui ont surtout pour nous de l'intérêt, nous constatons d'abord ce fait très important que les betteraves semées à grandes distances sont moins faciles à digérer que les betteraves cultivées en ordre serré. Le groupement des coefficients dans le tableau suivant le fait bien ressortir :

DÉSIGNATION.	SEMIS SERRÉ (45°).			SEMIS À GRANDES DISTANCES (90°)		
	CORNE de bœuf.	KLEIN WANZLEBEN.	MOYENNE.	CORNE de bœuf.	KLEIN WANZLEBEN.	MOYENNE.
Albuminoïdes............	91.7	71.2	81.4	78.0	60.5	69.2
Amides, etc..............	98.8	94.6	96.7	97.0	92.3	94.6
Sucre...................	100.0	99.7	99.8	99.2	99.3	99.2
Pentosanes..............	93.0	96.2	94.6	86.4	91.3	88.8
Cellulose	90.0	85.9	87.9	74.8	74.6	74.4
Acide phosphorique	80.0	73.0	76.5	61.0	43.5	52.2

L'avantage en faveur des petites betteraves est de 12 p. 100 pour les albuminoïdes, de près de 6 p. 100 pour les pentosanes, de 13,5 p. 100 pour la cellulose, et de 24 p. 100 pour l'acide phosphorique.

En groupant les coefficients par variétés de betterave, et en faisant la moyenne comme ci-dessous :

DÉSIGNATION.	CORNE DE BŒUF.	KLEIN WANZLEBEN.
Albuminoïdes	84.8	65.8
Amides, etc.	97.8	93.4
Sucre	99.6	99.5
Pentosanes	89.7	94.2
Cellulose	82.4	75.2
Acide phosphorique	70.5	58.2

on reconnaît que la corne de bœuf renferme des albuminoïdes plus digestibles que la Klein Wanzleben. Il en est de même pour la cellulose et l'acide phosphorique, tandis que le contraire se remarque pour les pentosanes. Mais cette petite supériorité est largement compensée par la plus grande richesse centésimale de la dernière, et l'avantage lui reste même lorsque l'on compare les rendements en matières nutritives digestibles à l'hectare.

DÉSIGNATION.	ÉLÉMENTS NUTRITIFS DIGESTIBLES.	
	PAR QUINTAL.	PAR HECTARE.
	kilogrammes.	kilogrammes.
Betteraves. Corne de bœuf... Petites racines	10 16	5 415
Betteraves. Corne de bœuf... Grosses racines	5 98	2 464
Betteraves. Corne de bœuf... Moyennes	8 07	3 939
Betteraves. Klein Wanzleben. Petites racines	16 34	5 915
Betteraves. Klein Wanzleben. Grosses racines	13 72	4 280
Betteraves. Klein Wanzleben. Moyennes	15 03	5 047
Excédent par hectare en faveur de la betterave Klein Wanzleben		1 108

Dans l'étude chimique que nous avons faite pour toutes nos variétés cultivées, nous avons pris pour base de l'estimation de leur valeur alimentaire relative leur production globale à l'hectare en albuminoïdes, graisse, sucre et pentosanes. Ces rendements en substances nutritives pour les deux variétés ici considérées, qui ont été cultivées avec une addition complémentaire de 200 kilogrammes de nitrate de soude, se sont élevés aux poids ci-après :

Corne de bœuf..	Grosses racines	2,311 kil.
	Petites racines	4,775
	Moyennes	3,543
Klein Wanzleben.	Grosses racines	3,996
	Petites racines	5,658
	Moyennes	4,827

Si l'on rapproche ces nombres de ceux du précédent tableau on reconnaît qu'ils sont de même ordre. En prenant pour unité le produit alimentaire par hectare de la betterave corne de bœuf, la variété Klein Wanzleben a, d'après nos expériences de digestibilité, une valeur relative de 1.3, et, d'après les sommes déduites de l'analyse simple, une valeur relative de 1.4.

En comparant de la même manière les grosses et les petites racines de chaque variété, on obtient les valeurs relatives suivantes :

DÉSIGNATION.	D'APRÈS LES EXPÉRIENCES SUR LE LAPIN.	D'APRÈS L'ANALYSE.
Grosse corne de bœuf............................	1	1
Petite corne de bœuf.............................	2.2	2.1
Grosse Klein Wanzleben..........................	1	1
Petite Klein Wanzleben..........................	1.4	1.4

L'estimation que nous avons faite de la valeur agricole des variétés et des systèmes de culture, d'après les données de l'analyse immédiate, concorde donc d'une manière très suffisante avec celle qui est déduite des recherches que nous avons entreprises sur l'animal, et nos conclusions sont par là de nouveau confirmées.

TABLE DES MATIÈRES.

SÉANCE DU 13 MARS 1898.

Pages.

Travaux de la Société pendant l'année 1897-1898. (Compte rendu fait par M. E. Mir, *président.*) 1

Expériences relatives à l'alimentation du bétail, faites en France et à l'étranger pendant l'année 1897-1898. (Compte rendu fait par M. A. Mallèvre, *secrétaire général.*) 3

Recherches de MM. A. Müntz et A.-Ch. Girard sur la valeur alimentaire relative du foin et de la luzerne. (Communication faite par M. A.-Ch. Girard.) 27

Discussion relative à la communication de M. A.-Ch. Girard. (MM. Barrié, Brunet, Grandeau, Mir y prennent part.) 34

Alimentation des veaux basée sur l'emploi du lait écrémé avec addition de fécule. (Communication faite par M. Gouin.) 35

Discussion relative à la communication de M. Gouin et portant principalement sur la valeur du lait écrémé et sur la diarrhée des veaux. (MM. Dumont, Gouin, Joy, Le Conte, Mir, Nicolas, Rouanard y prennent part.) 38

Administration des phosphates aux jeunes veaux. (Communication faite par M. Gouin.) 42

Discussion relative à la communication de M. Gouin. (MM. Blanchard, Gouin, Grandeau, Joy, Mir, Nicolas, Thierry y prennent part.) 44

Falsification des tourteaux alimentaires. (Communication faite par M. Bussard.) 50

Falsification de farines alimentaires. (Observation faite par M. Grandeau.) 56

Clôture de la séance. Fixation de la prochaine séance au lundi 15 mars 1898, par M. Mir, *président.* 56

Alimentation des porcs. (Note adressée par M. Rigaux.) 58

Alimentation des animaux dans le département de la Manche. (Note adressée par M. Fasquelle.) 60

SÉANCE DU 15 MARS 1898.

Pages.

Alimentation des veaux d'élevage et de boucherie. (Communication faite par M. Dumont.) ... 65

Utilisation du lait écrémé doux pour l'alimentation du poulain. (Communication faite par M. Dumont.) 78

Discussions relatives aux communications de M. Dumont. (MM. Dumont, Gouin, Lavalard y prennent part.) 79

Alimentation des chevaux de course. (Communication faite par M. Paul Cagny.) 81

Discussion relative à la communication de M. Paul Cagny. (MM. Butel, Cagny, Grandeau, Lavalard, Mir, Tisserand y prennent part.) 87

Ensilage des fourrages dans la pulpe fraîche de sucrerie. (Communication de M. le baron Le Pelletier.) 92

Observation relative à la communication de M. le baron Le Pelletier, faite par M. Paul Cagny.. 93

Avoine décortiquée, ses caractères, avantage de son emploi dans des cas déterminés. (Communication faite par M. Paul Cagny.)...................................... 93

Emploi de la mélasse dans l'alimentation du bétail, nécessité d'obtenir un dégrèvement des droits qui frappent ce produit. (Communication faite par M. Grandeau.)............... 95

Mise aux voix et adoption à l'unanimité d'un vœu tendant à obtenir la suppression ou, tout au moins, une réduction très notable des droits sur les mélasses brutes.................. 97

Influence de la castration des vaches sur la production du lait et sur l'engraissement. (Communication faite par M. Nicolas.)... 97

Discussion relative à la communication de M. Nicolas. (MM. Butel, Le Conte, Mir, Nicolas, Tisserand, Weber y prennent part.)... 102

Clôture du Congrès de 1898 par M. Mir, *président*................................... 109

Appendice. Expériences sur l'amélioration de la culture des racines fourragères, par M. C.-V. Garola, ingénieur agronome, professeur départemental d'agriculture d'Eure-et-Loir........ 111